电子系统
设计与实践

DIANZI XITONG SHEJI YU SHIJIAN

主编　李小根
主审　周　群

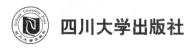
四川大学出版社

责任编辑：胡兴戎
责任校对：罗 杨
封面设计：吴 强
责任印制：王 炜

图书在版编目(CIP)数据

电子系统设计与实践 / 李小根主编. —成都：四川大学
出版社，2007.2
ISBN 978－7－5614－3647－9

Ⅰ. 电… Ⅱ. 李… Ⅲ. 电子系统－系统设计－高等学校－
教材 Ⅳ. TN02

中国版本图书馆 CIP 数据核字（2007）第 019188 号

书　名	电子系统设计与实践
主　　编	李小根
出　　版	四川大学出版社
地　　址	成都市一环路南一段24号 (610065)
发　　行	四川大学出版社
书　　号	ISBN 978－7－5614－3647－9
印　　刷	郫县犀浦印刷厂
成品尺寸	185 mm×260 mm
印　　张	11.75
字　　数	269 千字
版　　次	2007 年 2 月第 1 版
印　　次	2020 年 1 月第 3 次印刷
定　　价	39.00 元

◆读者邮购本书，请与本社发行科联系。
电话:(028)85408408/(028)85401670/
(028)85408023　邮政编码:610065
◆本社图书如有印装质量问题，请
寄回出版社调换。
◆网址:http://press.scu.edu.cn

前　言

电子技术是一门实践性很强的课程,《电子系统设计与实践》是模拟电子技术和数字电子技术的实验教材,是从理论到实践的指导书。根据教育部与专业教学指导委员会对教材的要求,为培养适应我国21世纪国民经济发展需要的电子设计人才,我们总结了多年电子设计与制作的教学改革成果,在加强以传统电子设计方法为基础的工程设计训练的同时,尽量使学生掌握现代电子设计自动化技术的新方法和新工具,将电子技术实验教学的目标定位在系统地、科学地培养学生的实际动手能力、理论联系实际的能力、工程设计与实施能力上。

电子系统设计与实践所涉及的知识点非常多,有些内容具有相当的深度,而本书的使用对象主要是大学二年级和三年级的本科学生,因此本书的内容主要涉及对该阶段大学生将所学电子技术理论应用于实践过程的培养,旨在使其具备电子系统设计与实践的基本能力。本书在内容安排和编写中有以下几个特点:(1)注意基本技能的培养。本书以收音机为例,对电子电路的设计,电子器件的测试、安装、焊接以及电子系统的调试进行了详细介绍,这对于初学者是非常重要的。(2)实习课题少而精。由于学时、学生所学知识的限制,本书精心挑选了几个实例,能够满足对大学生电子技能的初级培训。(3)引进了先进的电子设计自动化技术的新工具,如可编程器件。

本书的第一章介绍了电子系统的基本概念、设计方法和设计流程;第二章介绍常用电子系统设计软件及其应用;第三章介绍可编程逻辑器件的原理及其应用;第四章详尽地介绍了 Altera 公司的 PLD 开发软件"MAX+plusⅡ"以及"掌宇 CIC310 型开发平台"的应用;第五章介绍无线电通讯与超外差收音机的原理与设计;第六章介绍了电子工艺实践方面的基础知识;第七章为电子系统综合设计与实践实例(配有相应附件)。

本书由李小根主编,由周群审稿。第四章由翁嫣琥、李小根编写,第五章由王晓芳、李小根编写,第六章由涂国强、李小根编写,李小根编写第一、第二、第三、第七章。

本书在编写过程中得到四川大学电气信息学院相关领导的鼓励与支持,得到电工电子基础教学实验中心老师们的支持与帮助,还得到了北京掌宇金仪科教仪器设备有限公司的大力支持,在此我们表示衷心的感谢。

由于编写时间比较仓促,加之我们水平有限,书中难免会有疏漏和不足之处,欢迎广大读者和各界专家批评指正。

编　者
2006 年 12 月

目　录

第一章　电子系统设计概论

1.1　电子系统综述

1.1.1　电子系统的定义与组成

随着 21 世纪的到来，人类已跨入了信息时代。科学技术的进步使人们的生活方式与行为发生着巨大的改变。从移动电话到因特网，从大型计算机到多媒体 PC，从家庭娱乐使用的 mp3、DVD、数码照相机、高清晰电视机到军用雷达、医用 CT 仪器、GPS 全球定位系统等，各色各样的电子系统在我们的生活中已无处不在，与社会生活密不可分。电子系统已深入人类社会的方方面面，在工业、农业、科技、国防、医学等各领域发挥着极其重要的作用，其技术上的每项革新和突破都影响着各行各业的发展，为它们带来巨大的变革。各种电子系统都在计算机的辅助设计下达到了相当的规模和极高的复杂程度。因此，掌握电子系统的设计方法并付诸实践是电类各专业大学生必备的技能。

1. 电子系统的定义

电子系统是由许多电子元器件或电子部件组成的可产生、传输或处理电信号及信息的能够独立完成一系列特定功能的客观实体。例如自动控制系统、通讯系统、雷达系统、卫星定位系统、计算机系统、电子测量系统、先进的汽车电子综合系统等，这些应用系统在功能与结构上具有高度的综合性、层次性和复杂性。

2. 典型电子系统的组成

下面通过一个典型通讯系统的结构，来对各种电子系统的组成进行大致的分析。图 1.1-1 是大家熟悉的移动电话的电子系统中子系统级方框图。

移动电话是当今世界发展最为迅猛的通讯工具，是一个包括发射机、接收机、微型计算机和音频及数字信号处理器（DSP）、用户身份卡（SIM）等子系统的复杂系统。其中发射机、接收机和天线等为射频（频率高达 500MHz 以上）类型的模拟子系统；音频及 DSP 模块包括了低频模拟电路、数字电路和模数混合电路，是一个综合类型的低频子系统；输入键盘、液晶显示器、内部数据存储器等部件构成的计算机操作、管理子系统，又是一个数字电路类型的子系统。如此复杂的电子系统只有借助于先进的微电子技术才能实现，它是现代高科技的结晶。

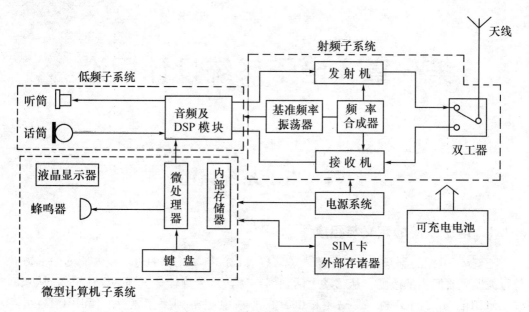

图 1.1-1　移动电话子系统级方框图

电子系统均具有层次性结构，下面通过该移动电话系统来解析一个复杂系统在结构上的层次性。如前所述，图 1.1-1 是移动电话子系统级的组成方框图，其中的每一个子系统又是由若干个部件所组成的。例如，其中的微型计算机子系统就是由微处理器、存储器、键盘及显示器几个部件组成的。而组成子系统的每个部件又可分解为由许多元件组成的电路。例如，其中的微处理器是由 MPU 芯片、时钟振荡晶体、复位芯片以及少许电阻、电容器等元件所构成的。类似地，发射机、接收机也可由顶层（系统级）向下，一层一层地一直分解到元件级或部件级（底层），如图 1.1-2 所示。

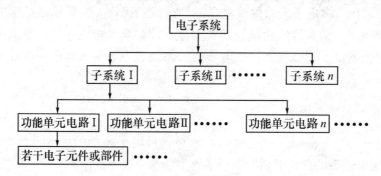

图 1.1-2　电子系统的层次结构

1.1.2　电子系统的设计原则与方法

1. 电子系统的设计原则

在开发电子系统之前，首先面临的就是设计和规划整个系统功能实现的问题。在设计和规划中通常应遵循如下的原则指导设计工作。

（1）必须满足用户所提出的对系统功能和性能指标方面的全部要求。这是电子系统设计时最基本的要求。

（2）满足给定的电磁兼容条件。这是现代电子电路应具备的基本特性。只有满足给定的电磁兼容条件，才能有效地抵抗干扰，防止对电气工作环境造成污染，确保自身系统和周边设备的正常工作。

（3）可靠性高。可靠性要求与用户指定的系统实际用途、使用环境等因素有关。

（4）电路尽量简单。当电路简单化以后，其生产工艺和调试必然简单而方便。因此，大胆开发和尝试简单的电路系统，不仅是经济的，同时系统也是可靠的。在系统设计的开始，就要优先采用先进的、新型的、价格合理的集成模块，因为系统集成技术是简化电路的最佳捷径。

（5）操作方便、易懂。在设计中应尽量融入人性化的因素，让使用者既感方便，又简单易学。难以操作的系统，其故障率必然很高，使用率必然很低，生命力必然很弱。

当然，对于第（4）条原则，可根据市场的需求，在设计中尽量采用先进的科技成果，暂时达不到要求时，也可推向市场，在市场反馈中不断改进和升级。

2．电子系统的设计方法

基于电子系统的功能要求和结构的层次性，通常有自顶向下法、自底向上法和以自顶向下为主并以自底向上为辅的综合方法这三种设计方法。

1）自顶向下法

自顶向下法是设计者根据原始设计指标或用户要求，从整体上规划整个系统的功能和性能，然后把系统划分为规模较小、功能简单且相对独立的子系统，并确定它们之间的相互关系和耦合方式，直到得到的单元可以映射到物理实现。这种物理实现，就是具体的部件、电路和元件。

2）自底向上法

自底向上法是根据所需设计系统的各个细分功能的要求，首先从现有的可用的元件或部件中选出合适器件，设计成一个个的单元电路或子系统。当一个部件不能直接实现系统的某个功能时，就需要设计由多个部件或多个单元电路组成的子系统去实现该功能，上述过程一直进行到系统所需求的全部功能都实现为止。该方法的优点是可以继承使用经过验证的、成熟的部件与子系统，从而实现设计的重用，减少设计的重复劳动，提高设计效率。自底向上法在系统的组装和测试过程中的确是行之有效的，并常用于类似系统、子系统的设计。对于系统相对简单、功能较单一的设计任务而言，自底向上法的确是行之有效的设计方法。

3）以自顶向下为主并以自底向上为辅的综合方法

在近代的系统设计中，为了实现设计重用以及对系统进行模块化测试，通常采用以自顶向下方法为主并结合使用自底向上的方法。这种方法既能保证实现系统化、清晰易懂以及可靠性高、维护调试性好的设计，又能减少设计中的重复劳动，提高设计效率。这对于复杂性很高的系统来说，显得尤其必要，因而得到普遍采用。

1.2 电子系统设计的一般步骤

电子系统的设计，从提出构想到最终实现，必然要经过一定的步骤，这些步骤是有规律的。一个完整的电子系统设计过程均是由顶层（系统级）的功能域设计出发，直至底层（部件级）的设计全部完成为止。不论在哪一级（层）上，均要经历功能域描述与设计、结构域描述与设计、物理域描述与设计这三个设计步骤，如图1.2-1所示。

1. 功能域描述与设计

按照自顶向下的设计方法，功能域描述与设计应首先从系统级开始。设计人员首先要对用户需求与市场状况做深入细致的调查研究，然后对收集来的原始信息进行需求分析，最后用工程语言将所要设计的系统的各项功能和技术指标、与外部世界的接口方式和协议等描述或定义出来。例如，移动电话的双工通话功能、短信息功能、来电显示功能、存储功能、时钟/闹钟功能和与传真机、计算机、因特网等接口的功能，以及接收/发射频率、调制方式、待机时间、连续通话时间、供电电池电压、尺寸和外观等的描述。而子系统级、单元电路级、部件级和元件级上的功能则由各个层次上的输入/输出关系来描述。它们是由设计人员从系统级逐层向下进行功能划分，逐步推演和定义出来的。

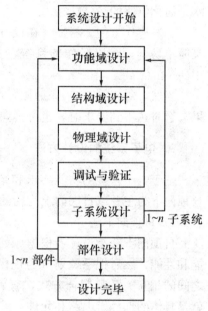

图 1.2-1 电子系统设计的一般步骤流程图

2. 结构域描述与设计

完成了功能域的描述与设计后，下一步就要将功能映射为结构，即以功能域的设计结果作为原始输入信息，选用或设计一定的单元并按一定方式（含规则）互连起来，实现给定层次上的功能。系统从功能域到结构域的映射又称为综合。系统级上结构设计的任务就是确定系统与外部世界（包括使用者、其他系统或部件等）的互作用、互连方式与协议。子系统级、部件级和元件级上由功能到结构的映射是大家所熟悉的，这些级上的结构设计结果通常用方块图、电路图来表达。例如移动电话系统级的结构设计就是确定用户操作界面和该移动电话与GSM网之间信息交换的方式与协议，确定与传真机、计算机之间的连接方式与协议等关系。在系统级上，移动电话的结构可用图1.1-1所示方框图来描述。一张详细的移动电话的电路图就是该系统元件级或者元件级、部件级、子系统级混合结构的描述。

3. 物理域描述与设计

结构域描述与设计完成后,最后一步就是进行从结构域到物理域的映射,即用结构域的设计结果作为原始输入信息,选用一定的电子元件、材料、技术与工艺去实现给定的结构。仍以移动电话为例,其系统级上的物理设计包括机壳、主机板、操作按键、显示屏窗口、与外部互连的接插件等的外形、尺寸、材料及工艺的确定。

系统级、子系统级与部件级上的物理域设计的内容基本相同,包括每个子系统或部件的尺寸、安放位置、互连线的材料与布局的确定、是否需要屏蔽与散热等;元件级上的物理域设计包括每个元件的型号与尺寸、主机印制底板布线的设计、是否需要屏蔽与散热等。

1.3 各类电子系统设计的步骤

前面已经介绍了电子系统的一般设计步骤,它与下面所列出的几类系统的设计步骤之间的关系是一般与具体、共性与个性以及原则与实施的关系。由此决定了前者对后者将起着导向、规范与统筹的作用,从而保证后者遵循正确的理念与方法。

1.3.1 以可编程逻辑器件为核心的电子系统的设计步骤

用可编程逻辑器件(Programmable Logic Device,PLD)设计数字系统的过程如图1.3-1所示。

1. 构想设计

构想设计指的是对逻辑系统或电路结构方案的考虑。

2. 选择器件

对具体芯片的选择,有如下几点需要考虑:

(1)芯片的规模。应先对所需完成的电路或系统所需的设备量进行估计,例如大致计算所用的触发器的个数,并据此选择合适的芯片型号。必须注意,对复杂的可编程逻辑器件(CPLD)内部资源的使用通常不得超过80%,否则布线很难通过。一般情况下对其资源的利用率在50%左右为最佳,而对FPGA因为对内部安排更难掌握,所以还以放宽到40%以下为宜。

(2)芯片的速度。PLD通常有高速系列和低速系列,每个系列还分成许多档级。应根据设计的要求确定合适的系列或档级。一般情况下,对CPLD,可直接按照手册上的参数选取;对FPGA,因延时不可预测,还应留有一定的余量。

图 1.3-1 PLD 的设计开发过程

（3）I/O 端口数与器件封装方式。应先对所需完成的电路或系统所需的引脚数进行统计，并据此选择合适的芯片型号。复杂系统所需要的引脚数目往往很多，而不同封装的芯片的引脚数是确定的。在选择时仍然需要对引脚数留出一定的余量，因为在设计过程中常常会因为方案考虑不周或其他原因需要增加系统的端口。在封装形式上也要加以考虑，目前主要有 PLCC 和 TOPP、PQPP、RQFP、PGA 等封装形式，PLCC 的引脚数较少，有 44、68 和 84 等几种，但可以使用插座，也就是说在使用过程中，如果芯片损坏，可以较方便地更换；引脚数大于 100 的必须使用其他封装形式，这些封装形式都属于表面贴装，一般需专门的设备才能焊在印制电路板上，如有损坏通常不能更换，且制作印制电路板也较难，所以在确定方案时应慎重，必要时可将一个系统分用数块芯片来实现。

3. 设计编译

设计编译主要是将设计输入的原理图、语言描述、网络表等项目文件转化为 PLD 开发软件内部的各种文件、适配、逻辑的综合、器件的装入、延时信息的提取等。

4. PLD 功能和时序仿真

功能仿真可以用来验证设计目的的逻辑功能是否正确。时序仿真是将编译产生的延时信息加入设计中，进行布局布线后的仿真，是与实际器件工作时情况基本相同的仿真。

5. PLD 编程

PLD 编程是指将器件插在系统目标板上，由编程软件通过下载电缆直接对器件进行编程的方法，又称为"烧写"或"烧录"。

6. PLD 的硬件仿真调试

硬件仿真调试的目的是检查编程的信息是否正确，可利用通用或专用仿真平台进行测试。如测试无误，即可将器件投入系统中进行试用。

7. 在线测试

在正式投入使用之前，还必须经过实际系统的试运行，即在线测试。若发现问题，应及时修正。经严格而苛刻的条件测试无误，即宣告设计完成。

1.3.2 以单片机为核心的电子系统的设计步骤

单片机的功能强大，为其设计和制造的外围专用芯片也成熟可靠，在工业自动控制、智能型家用电器中都有着广泛的应用，在涉及智能控制方面的电子系统设计中，应是首要的选择。其设计步骤大致如下所述：

1. 确定任务并完成总体设计

（1）确定系统功能指标，编写设计任务书。

（2）选择合适的单片机型号以及与之配套的开发系统和测试仪器，进行硬件、软件的调试。

（3）确定系统实现的硬件、软件子系统划分，分别画出硬件子系统方框图与软件子系统的流程图。

2. 硬件、软件设计与调试

（1）按模块进行硬件设计，力求标准化、模块化，要有高的可靠性和抗干扰能力。

（2）按模块进行软件设计，力求结构化、模块化、子程序化，要有高的可靠性和抗干扰能力。

3. 系统总调、性能测定

将调试好的硬件、软件装配到系统样机中去，进行整机总体联调。排除硬件、软件故障后，进行系统的性能指标测试。

1.3.3　以模拟系统为核心的电子系统的设计步骤

目前，智能型电子系统已经逐渐取代了普通的电子系统，纯模拟系统几乎没有了。模拟系统只是常常作为子系统存在于电子系统中。如前所述的移动电话，其音频的输入和输出、射频的发射与接收部分都是模拟子系统。我们不仿先将它视为一个系统来进行设计。其设计步骤大致如下：

（1）分析任务，比较方案，确定总体方案。

（2）将系统划分为若干相对独立的功能块，画出系统的总体组成方框图。

（3）以实现各功能的集成电路为中心，通过选择和计算完成各个功能单元外接电路与元件的配置。

（4）核算单元之间的耦合及调配电路，以得到一个比较切合实际的系统整体电路原理图。

（5）根据第（3）、（4）步的结果，重新核算系统的主要指标，检查是否满足要求且留有一定余地。

（6）画出系统元器件布置图和印制电路板的布线图，并考虑其测试方案，设置相关的测试点。

第二章 电子设计自动化软件的特点及应用

2.1 电子系统设计软件概述

2.1.1 电子系统设计软件的种类及其各自特点

计算机技术的进步推动了电子设计自动化（Electronic Design Automation，EDA）技术的普及和发展，EDA 工具层出不穷，目前在我国具有广泛影响的 EDA 软件有 Pspice、OrCad、Multisim、Protel、ispDesign Expext 等。

Pspice 是美国 MicroSim 公司于 20 世纪 80 年代开发的电路模拟分析软件，可以进行模拟分析、模拟数字混合分析、参数优化等。该公司还开发了 PCB、CPLD 的设计软件，该软件现已并入 OrCad。

OrCad 是一个大型的电子线路 EDA 软件包。OrCad 公司的产品包括原理图设计、PCB 设计、PLD Tools 等设计软件工具。OrCad 公司被 Cadence 公司收购后，其产品功能更加强大。

Multisim 是 Electrical Workbench（EWB）的升级版本。EWB 是加拿大 Interactive Image Technologies 公司于 20 世纪 80 年代末、90 年代初推出的专门用于电子线路仿真的"虚拟电子工作台"软件，可以将不同类型的电路组合成混合电路进行仿真。它不仅可以完成电路的瞬态分析和稳态分析、时域和领域分析、器件的线性和非线性分析、电路的噪声分析和失真分析等常规的电路分析，而且还提供了离散傅里叶分析、电路零极点分析、交直流灵敏度分析和电路容差分析等共计 14 种电路分析方法，并具有故障模拟和数据储存等功能。其升级版本 Multisim 2001 和 Multisim 2003 除具备上述功能外，还支持 VHDL 和 Verilog HDL 文本的输入。

Protel 软件包是 20 世纪 90 年代初由澳大利亚 Protel Technology 公司研制开发的电路 EDA 软件，在我国电子行业中知名度很高，普及程度较广。Protel 98 是应用于 Windows 95/98 环境下的软件系统，由四个部件组成：印制电路板设计系统 Advanced PCB 98、可编程逻辑器件（PLD）设计系统 Advanced PLD 98、电路仿真系统 Advanced SIM 98 以及自动布线系统 Advanced Route 98。它可以完成电路原理图的设计和绘制、电路仿真、印制电路板设计、可编程逻辑器件设计和自动布线等。在 Protel 98 的基础上，Protel 经历了 Protel 99、Protel 99 SE、Protel DXP 的发展过程，功能也越来越完善，并且可应用于 Windows 2000/XP/NT 等多种操作软件环境。

除此之外，专门用于开发 FPGA 和 CPLD 的 EDA 工具也很多，它们的功能大致可以分为五个模块：设计输入编辑器、仿真器、HDL 综合器、适配器（或布局布线器）、下载器。

（1）设计输入编辑器：可以接受不同的设计输入方式，如原理图输入方式、状态图输入方式、波形图输入方式以及 HDL 文本输入方式。各 PLD 厂商一般都有自己的设计输入编辑器，如 Xilinx 公司的 Foundation、Altera 公司的 MAX+plusⅡ等。

（2）仿真器：基于 HDL 的仿真器应用广泛。数字系统的设计中，行为模型的表达、电子系统的建模、逻辑电路的验证以及门级系统的测试，都离不开仿真器的模拟检测。按处理的硬件描述语言，仿真器可分为 VHDL 仿真器、Verilog 仿真器等；按仿真的电路描述级别的不同，HDL 仿真器可以独立或综合完成系统级仿真、行为级仿真、RTL 级仿真和门级时序仿真。

各 EDA 厂商都提供基于 VHDL/Verilog 的仿真器，如 Mentor 公司的 ModelSim，Cadence 公司的 Verilog－XL、NC－Verilog，Synopsys 公司的 VCS，Aldec 公司的 AHDL 等。

（3）HDL 综合器：可以把 VHDL/Verilog HDL 描述的系统落实成硬件电路，这样使硬件描述语言不仅适用于电路逻辑的建模和仿真，还可以直接用于电路的设计。目前常用的 FPGA/CPLD 设计的 HDL 综合器为：

①Synopsys 公司的 FPGA Compiler、FPGA Express。

②Synplicity 公司的 Synplify pro 综合器。

③Mentor 子公司 Exemplar Logic 的 Leonardo Spectrum 综合器。

综合器综合电路时，首先对 VHDL/Verilog 进行分析处理，并将其转换成相应的电路结构或模块，这是一个通用电路原理图的形成过程，与硬件无关；然后才对实际实现的目标器件的结构进行优化，并使之满足各种约束条件、优化关键路径等。

综合器一般输出网表文件，如 EDIF（Electronic Design Interchange Format）。文件后缀是 .edf，或是直接用 VHDL/Verilog 语言表达的标准格式的网表文件，或是对应 FPGA 器件厂商的网表文件，如 Xilinx 公司的 XNF 网表文件。

（4）适配器：又称为布局布线器，其任务是完成系统在器件上的布局布线。适配器输出的是厂商自己定义的下载文件，用于下载到器件中，以实现设计。布局布线通常由 PLD 厂商提供的专门针对器件开发的软件来完成，这些软件可以嵌在 EDA 开发环境中，也可以是专用的适配器。例如 Lattice 公司的 ispExpert、Altera 公司的 MAX+plusⅡ和 QuartusⅡ、Xilinx 公司的 Foundation 和 ISE 中都有各自的适配器。

（5）下载器：又称为编程器，它把设计下载到对应的实际器件中，实现硬件设计。一般 PLD 厂商都提供专门针对器件的下载或编程软件。

2.1.2 硬件描述语言简介

数字系统的设计输入方式有多种，通常是由线信号和表示基本设计单元的符号连在一起组成线路图，符号取自器件库，符号通过信号（或网线）连接在一起，信号使符号互连，这样设计的系统所形成的设计文件是若干张电路原理结构图，在图中详细标注了各逻辑单元、器件的名称和相互间的信号连接关系。对于小的系统，这种原理电路图只要几十张至几百张就可以了，但如果系统比较大，硬件比较复杂，这样的原理电路图可能要几千张、几万张甚至更多，这样就给设计归档、阅读、修改等都带来了不便。这一点在 IC 设计领域表现得尤为突出，从而导致了采用硬件描述语言进行硬件电路设计方法的兴起。

硬件描述语言（Hardware Description Language，HDL）是用文本形式来描述数字电路的内部结构和信号连接关系的一类语言，类似于一般的计算机高级语言的语言形式和结构形式。设计者可以利用 HDL 描述设计的电路，然后利用 EDA 工具进行综合和仿真，最后形成目标文件，再用 ASIC 或 PLD 等器件实现。

硬件描述语言的发展至今约有 20 多年的历史，并成功地应用于数字系统开发的各个阶段：设计、综合、仿真和验证等，使设计过程达到高度自动化。硬件描述语言有多种类型，最具代表性的、使用最广泛的是 VHDL（Very High Speed Integrated Circuit Hardware Description Language）和 Verilog HDL。

VHDL 于 20 世纪 80 年代初由美国国防部（The United States Department of Defense）发起创建，当时制定了一项名为 VHSIC（Very High Speed Integrated Circuit）的计划，其目的是为了能制定一种标准的文件格式和语法，要求各武器承包商遵循该标准描述其设计的电路，以便于保存和重复使用电子电路设计。VHDL 的全称为"超高速集成电路硬件描述语言"（VHSIC Hardware Description Language），于 1982 年正式诞生，其吸取了计算机高级语言语法严谨的优点，采用了模块化的设计方法，并于 1987 年被国际电气电子工程师学会（International Electrical & Electronic Engineering，IEEE）收纳为标准，文件编号为 IEEE Standard 1076。1993 年，IEEE 对 VHDL 进行了修订，从更高的抽象层次和系统描述能力上扩展了 VHDL 的内容，公布了新版本的 VHDL，即 IEEE 标准的 1076-1993 版本。

Verilog HDL 最初是于 1983 年由 Gateway Design Automation（GDA）公司的 Moorby 为其模拟器产品开发的硬件描述语言，那时它只是一种专用语言，最初只设计了一个仿真与验证工具，之后又陆续开发了相关的故障模拟与时序分析工具。1985 年，Moorby 推出它的第三个商用仿真器 Verilog-XL，获得了巨大的成功。由于 GDA 公司的模拟、仿真器产品的广泛使用，Verilog HDL 作为一种实用的语言逐步为设计者所接受。1989 年，Cadence 公司收购了 GDA 公司，使得 Verilog HDL 成为该公司的专有技术。1990 年，Cadence 公司公开发表了 Verilog HDL，并成立 OVI（Open Verilon International）来促进 Verilog HDL 的发展，致力于推广 Verilog HDL 成为 IEEE 标准。这一努力最后获得成功，Verilog HDL 于 1995 年成为 IEEE 标准，被编为 IEEE Standard 1364-1995。

AHDL（Altera HDL）语言是 Altera 公司为其产品开发的硬件描述语言，在本书实践练习章节中，可供读者进行应用。

2.2　Protel 99 SE

2.2.1　Protel 99 SE 的发展

　　Protel 设计系统是一套建立在 IBM 兼容 PC 环境下的 EDA 电路集成设计系统。事实上，Protel 设计系统是世界上第一套将 EDA 环境引入 Windows 环境的 EDA 开发工具，一向以其高度的集成性及扩展性著称于世。

　　在个人电脑早期的 DOS 操作系统下，由于图形界面不佳，存储器的管理有缺陷。当时，接触多种 CAD 系统的硬件设计人员对如何选择合适的软件这个问题，都深有感触，都希望有一种"方便、易学、实用、快速"又适合发展水平的性能良好的 CAD 软件。在 1987 年、1988 年，美国 ACCEL Technologies 公司推出了 TANGO 软件包。它考虑到了设计人员本身的愿望和要求，可以说在当时是一个令人满意的软件包。但是，随着新型器件的产生和电路复杂程度的增加，TANGO 也显示出其不适应时代发展需要的弱点。为了适应科学技术的发展，Protel Technology 公司推出了 Protel for DOS，作为 TANGO 的升级版本。进入 20 世纪 90 年代以来，计算机行业发生了翻天覆地的变化。自从微软公司推出 Windows 以来，Windows 操作系统占领了整个计算机领域。PC 操作系统发展到 Windows 3.1 时，虽然图形界面有所改善，但是在存储器方面的管理功能仍不足，以致 EDA 程序在运行时常常捉襟见肘。直到 Windows 95 操作系统出现后，这两个问题（图形界面和内存管理）才终于得到了合理的解决。如今，Protel 设计系统的软件工作平台已扩展到 Windows 95/98/NT/2000/XP 环境，工作起来不仅更稳定，而且更好用。

　　Protel 99 SE 就是由早期 Protel 版本发展而来的基于 Windows 95/98/2000/XP 环境的新一代电路原理图辅助设计与绘制软件，其功能模块包括电路原理图设计、印制电路板设计、无网格布线器、可编程逻辑器件设计、电路图模拟/仿真等，它集成电路设计与开发环境于一身。

2.2.2　Protel 99 SE 的绘图环境

1. Protel 99 SE 设计环境

　　当用户启动 Protel 99 SE 后，系统将进入设计环境，此时可以单击 File 菜单上的 New 命令，系统将弹出如图 2.2−1 所示的 Protel 99 SE 建立新设计数据库的文件路径设置选项卡。

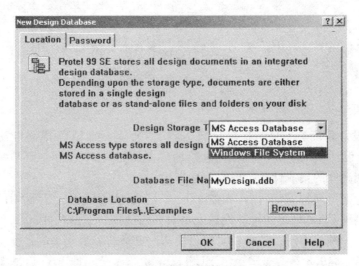

图 2.2—1　"建立新设计数据库" 对话框

1）Design Storage Type（设计保存类型）

MS Access Database　设计过程中的全部文件都存储在单一的数据库中，与 Protel 99 文件方式相同，即所有的原理图、PCB 文件、网络表、材料清单等等都存在于一个 .ddb文件中，在资源管理器中只能看到唯一的 .ddb 文件。

Windows File System　在对话框底部指定的硬盘位置建立一个设计数据库的文件夹，所有文件被自动保存在文件夹中，可以直接在资源管理器中对数据库中的设计文件（如原理图、PCB 等）进行复制、粘贴等操作。这种设计数据库的存储类型，可以方便地在硬盘中对数据库内部的文件进行操作，但不支持 Design Team 特性。

当用户选择 MS Access Datebase 类型后，对话框将增加一个密码（Password）选项卡，如果选择 Windows File System 类型，则没有该选项卡。

当用户选择 MS Access Datebase 类型，如果想设定所设计电路图数据库文件为保密级，则可以单击图 2.2—1 所示的对话框中的 Password，进入文件密码设置选项卡，如图 2.2—2 所示，用户可以选择 Yes 单选钮，并且可以在 Password 编辑框中输入所设置的密码，然后再在 Confirm Password（确认密码）编辑框中输入设置的密码，确认无误后，密码（口令）即设置成功。

注意：用户必须记住所设置的密码，否则将不能打开所设计的文件数据库。

2）Database File Name（数据库文件名）

用户可以在 Database File Name（数据库文件名）编辑框中输入所设计的电路图的数据库名，文件的后缀为 .ddb。如果想改变数据库文件所在的当前目录，可以单击 Browse 按钮，系统将弹出 "文件另存" 对话框，此时用户可以任选存盘路径。完成文件名的输入后，就可以单击 OK 按钮，进入设计环境，如图 2.2—3 所示，此时就可以进行电路图或其他的设计工作。

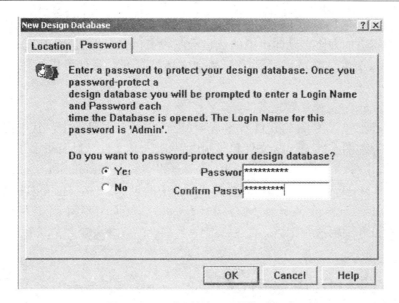

图 2.2-2　"文件密码设置"选项卡

2．Protel 99 SE 的组成

在 Protel 99 SE 中，所有的设计文档都集成在单一的设计库中，管理这个设计库的工具就是 Design Explorer，即设计管理器，如图 2.2-3 所示。设计管理器主要包含以下几个部分。

图 2.2-3　Protel 99 SE 设计环境

1）Design Team（设计组）管理器

Protel 99 SE 的设计是面向一个设计组的，设计组的成员和特点都在 Design Team

中进行管理，可以在 Design Explorer 中定义设计组的成员和权限，这样就使通过网络来进行设计变得更加方便。设计组中的成员数量没有限制，并且他们可以同时访问同一个设计库。每个成员都可以看到当前哪个文档被打开，并且可以锁住文档防止被修改。

2）Documents（文档）管理器

所有的文档都包含在 Design Documents（设计文档）主目录中，其中主要有电路设计文档电路原理图 Schematics 文件和印制电路板 PCB 文件，以及很多子目录，包括 PCB Fabrication（PCB 板制作）文件、Reports（报表）和 Simulation Analyses（仿真分析）等。Design Documents 中不仅包含 Protel 中的设计文件，还可以输入任何类型的应用文档，如 Microsoft Word、Microsoft Excel、AutoCAD 等，用户可以直接在设计管理器中打开和编辑这些文档。

2.2.3 Protel 99 SE 的功能与特点

Protel 99 SE 主要功能模块包括电路原理图设计、PCB 板设计和电路仿真器件设计，各模块具有丰富的功能，可以实现电路设计与分析的目标。

电路设计部分主要包括下面几部分：

①用于原理图设计的 Schematic 模块。该模块主要包括设计原理图的原理图编辑器，用于修改、生成零件的零件库编辑器，以及各种报表的生成器。比如图 2.2-4 所示的原理图就是用 Protel 99 SE 设计的。

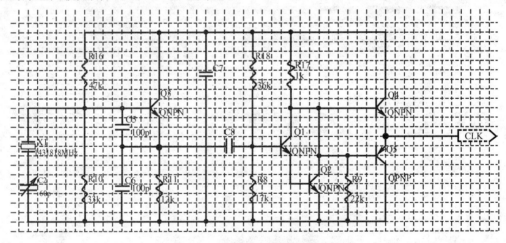

图 2.2-4 信号发生器电路原理图

②用于电路板设计的 PCB 设计模块。该模块主要包括用于设计电路板的电路板编辑器，用于修改、生成零件封装的零件封装编辑器，以及电路板组件管理器。图2.2-5所示是用 Protel 99 SE 设计的一个印制电路板设计实例。

③用于 PCB 自动布线的 Route 模块。

电路仿真与 PLD 设计部分主要包括下面几部分：

①用于可编程逻辑器件设计的 PLD 模块。该模块主要包括具有语法意识的文本编

辑器、用于编译和仿真设计结果的 PLD 以及用来观察仿真的波形。

②用于电路仿真的 Simulate 模块。该模块主要包括一个能力强大的数/模混合信号电路仿真器，能提供连续的模拟信号和离散的数字信号仿真。

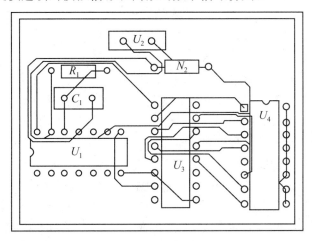

图 2.2－5　印制电路板设计实例

1. 原理图 Schematic 模块

电路原理图是电路设计的开始，是实现一种用户设计目标的原理实现，图形主要

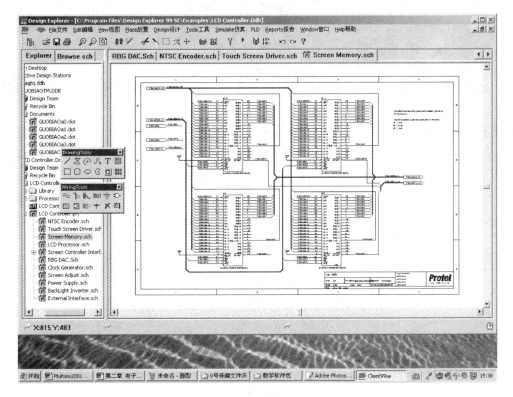

图 2.2－6　一张完整的电路原理图

由电子器件和线路组成。如图 2.2-6 所示即为一张实现某控制任务的电路原理图，该原理图就是由 Schematic 模块生成的。

Schematic 模块具有如下特征：

1）支持层次化设计

随着电路的日益复杂，电路设计的方法也日趋层次化（hierarchy）。也就是说，可先将整个电路按照其特性及复杂程度切割成适当的子电路，必要时可以使用层次化的树状结构来完成。设计者先分别绘制及处理好每一个子电路，然后再将它们组合起来继续处理，最后完成整个电路。Schematic 模块完全提供了层次化设计所需要的功能。

2）丰富而又灵活的编辑功能

（1）自动连接功能。在进行原理图设计时，Schematin 模块有一些专门的自动化特性来加速电气件的连接。电气栅格特性提供了所有电气件（包括端口、原理图、总线端、网络标号、连线和元件等）的真正"自动连接"。当它被激活时，一旦光标走到电气栅格的范围内，它就自动跳到最近的电气"热点"上，接着光标形状发生改变，指示出连接点。当这一特性和自动连接特性配合使用时，连线工作就变得非常轻松。

（2）交互式全局编辑。在任何设计对象（如元件、连线、图形符号、字符等）上，只要双击鼠标左键，就可打开它的对话框。对话框显示该对象的属性，设计者可以立即进行修改，并可将这一修改扩展到同一类型的所有其他对象，即进行全局修改。如果需要，还可以进一步指定全局修改的范围。

（3）便捷的选择功能。设计者可以选择全体，也可以选择某个单项，或者一个区域。在选择项中还可以不选某项，也可以增加选项。对已选中的对象可以移动、旋转，也可以使用标准的 Windows 命令，如 Cut（剪切）、Copy（拷贝）、Paste（粘贴）、Clear（清除）等。

3）强大的设计自动化功能

（1）设计检验 ERC（电气法则检查）。Schematin 模块可以对大型复杂设计进行快速检查。电气法则检查，不仅可以按照用户指定的物理/逻辑特性进行，而且可以输出各种物理/逻辑冲突的报告（例如没连接的网络标号、没连接的电源、空的输入引脚等等），同时还可将电气法则检查的结果直接标记在原理图中。

（2）数据库连接。Schematin 模块提供了强大、灵活的数据库连接，原理图中任何对象的任意属性值都可以输入和输出，可以选择某些属性（可以是两个属性，也可以是全部属性）进行传送，也可以指定输入、输出的范围是当前图纸，还是当前项目或元件库，或者是全部打开的图纸或元件库，一旦所选择的属性值输出到数据库，由数据库管理系统来处理支持的数据库，包括 dBASE Ⅲ 和 dBASE Ⅳ。

（3）自动标注。在设计过程的任何时候都可以使用"自动标注"功能（一般是在设计完成的时候使用），以保证无标号跳过或重复。

4）在线库编辑及完善的库管理

设计者不仅可以打开任意数目的库，而且不需要离开原来的编辑环境就可以访问元件库，通过计算机网络还可以访问多用户库。

元件可以在线浏览，也可以直接从库编辑器中放置到设计图纸上。不仅库元件可以增加或修改，而且原理图和元件库之间可以进行相互修改。

原理图提供 16000 多个元器件库（EE 三种模式），包括 AMD、Intel、Motorola、Texas Instruments、National Instruments、ZILOG、Maxim 以及 Xilinx、Eesof、PSPICE、SPICE 等众多电子器件制造商的电子产品以及仿真库。

2. 印制电路板 PCB 模块的特点

PCB 印制电路板是由电路原理图到印制板的桥梁。设计者设计完成电路原理图后，需要根据原理图生成印制电路板，这样就可以制作电路板。如图 2.2-7 所示为一张由原理图生成的印制电路板 PCB 图。

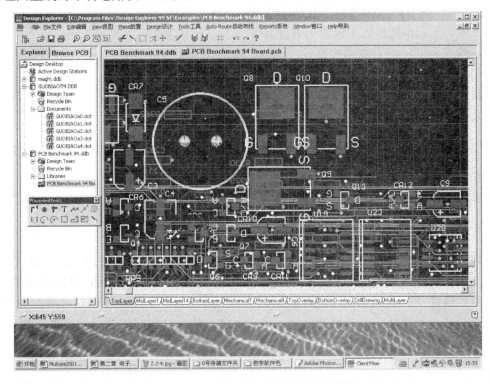

图 2.2-7　一块标准的 PBC 印制电路板图

印制电路板 PCB 模块具有如下主要特点：

1）32 位的 EDA 设计系统

可支持设计层数为 32 层、板图大小为 2540mm×2540mm（100inch×100inch）的多层线路板。

可做任意角度的旋转，分辨率为 0.001 度。

支持水滴焊盘和异型焊盘。

2）丰富而又灵活的编辑功能

具有交互式全局编辑功能、便捷的选择功能、多层撤销或重做功能。

支持飞线编辑功能和网络编辑。用户无须生成新的网络表即可完成对设计的修改。

手工重布线可自动去除回路。

PCB 图能同时显示元件引脚号和连接在引脚上的网络号。

集成的 ECO（工程修改单）系统将会记录下每一步修改，并将其写入 ECO 文件，设计者可依此修改原理图。

3）强大的设计自动化功能

PCB 模块具有超强的自动布局能力，采用了基于人工智能的全局布局方法，可以实现 PCB 板面的优化设计。

高级自动布线器采用拆线重试的多层迷宫布线算法，可同时处理所有信号层的自动布线，并可以对布线进行优化。可选的优化目标，如使过孔数目最少、使网络按指定的优先顺序布线等。

支持 Shape-based（无网络）的布线算法，可完成高难度、高精度 PCB 板（如 PC 微机主板、笔记本微机的主板等）的自动布线。

在线式 DRC（设计规则检查），在编辑时系统可自动地指出违反设计规则的错误。

4）在线库编辑及完善的库管理

设计者不仅可以打开任意数目的库，而且不需要离开原来的编辑环境就可访问、浏览元件封装库，通过计算机网络还可以访问多用户库。

5）完备的输出系统

支持 Windows 平台上所有输出外接设备，并能预览设计文件。

输出高分辨率的光绘（Gerber）文件，对其进行显示、编辑等。

输出 NC Drill 和 Pick & Place 文件等。

3. PLD 逻辑器件设计

PLD 99 模块支持所有主要的逻辑器件生产商的产品。与其他的 EDA 软件比较，PLD 99 模块有两个独特的优点：一是仅仅需要学习一种开发环境和语言就能够使用不同厂商的器件——用 PLD 99 模块既可为 PAL16L8 设计一个地址解码器，又可为 Xilinx 5000 系列元件做一个专用的设计；另一个优点是可将相同的逻辑功能做成物理上不同的元件，以便根据成本、供货渠道自由选择 PLD 元件制造商。PLD 99 模块全面支持 PLD 器件，它包括 Altera Max、AMD MACH、Atmel 高密度 EPLDs、Cypress、Inter FLEX、ICT EPLD/FPGA's、Lattice、National MAPL、Motorola、Philips PML、Xilinx EPLD 等等。

2.3 ispDesign Expert

2.3.1 ispDesign Expert 概述

ispDesign Expert 是一套功能非常完整的 EDA 软件，由 Lattice 公司开发而成。它的功能与使用方法与 Altera 公司的 MAX+plusⅡ软件极其相似。关于 MAX+plusⅡ软件的应用，在第四章有详尽的介绍。设计输入可采用原理图、硬件描述语言、混合输入三种方式。能对所设计的数字电路系统进行功能仿真和时序仿真。编译器是此软件的核心，能进行逻辑优化，将逻辑映射到器件中去，自动完成布局与布线并生成编程所需要的熔丝图文件。软件支持的器件包括：

①含有支持 ispLSI 的宏库及 MACH 的 TTL 库。

②支持所有 ispLSI、MACH 器件。

2.3.2 使用 ispDesign Expert System 进行原理图输入方式的设计

1. 启动 ispDesign Expert System

点击 Start \ Programs \ Lattice Semiconductor \ ispDesign Expert System 菜单，或直接在 Windows 桌面上双击它的快捷图标。

2. 创建一个新的设计项目

（1）选择菜单 File。

（2）选择 New Project...

（3）键入项目名 c：\ user \ demo. syn。保存文件后出现如图 2.3－1 所示窗口。

（4）可以看到默认的项目名和器件。

型号：Untitled and ispLSI5384V－125LB388。

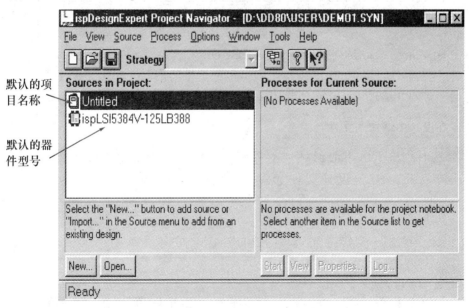

图 2.3－1 创建一个新的设计项目

3. 为项目命名

（1）用鼠标双击 Untitled。

（2）在 Title 文本框中输入"Demo Project"并点击 OK 按钮。

4. 选择器件

(1) 双击 ispLSI5384V−125LB388，可以看到 Choose Device 对话框（如图 2.3−2 所示）。

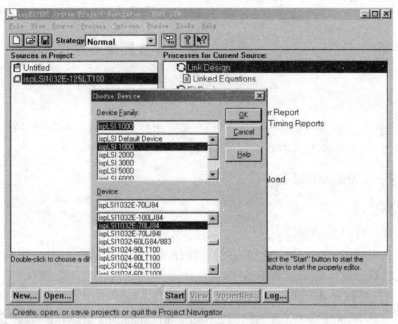

图 2.3−2　选择器件

(2) 在 Choose Device 窗口中选择 ispLSI1000 项。

(3) 拖动器件目录中的滚动条，直到找到并选中器件 ispLSI1032E−70LJ84。

(4) 点击 OK 按钮，选择这个器件。

5. 在设计中增加源文件

一个设计项目由一个或多个源文件组成。这些源文件可以是原理图设计文件（∗.sch）、ABEL HDL 设计文件（∗.abl）、VHDL 设计文件（∗.vhd）、Verilog HDL 设计文件（∗.v）、测试向量文件（∗.abv），或者是文字文件（∗.doc，∗.wri，∗.txt）。

为设计项目添加一张空白的原理图纸的操作步骤如下：

(1) 从菜单上选择 Source 项。

(2) 选择 New...

(3) 在对话框中，选择 Schematic（原理图），并点击 OK 按钮。

(4) 选择路径：c：\ user 并输入文件名 demo.sch。

(5) 确认后点击 OK 按钮，即会打开原理图输入窗口。

6. 原理图输入

在原理图输入窗口中，从菜单栏选择 Add，然后选择 Symbol。对话框如图 2.3−3

所示。

（1）选择 GATES. LIB 库，然后选择 G＿2AND 元件符号。将鼠标移回到原理图纸上，注意此刻 AND 门粘连在光标上并随之移动。

（2）单击鼠标左键，将符号放置在合适的位置。

（3）再在第一个 AND 门下面放置另外一个 AND 门。

（4）将鼠标移回到元件库的对话框，并选择 G＿2OR 元件。

（5）将 OR 门放置在两个 AND 门的右边。

（6）现在选择 Add 菜单中的 Wire 项。

（7）单击上面一个 AND 门的输出引脚，并开始画引线。

（8）随后每次单击鼠标，便可弯折引线（双击便终止连线）。

（9）将引线连到 OR 门的一个输入引脚。

（10）重复上述步骤，连接下面一个 AND 门。

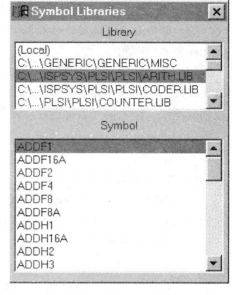

图 2.3-3　原理图对话框

7. 加更多的元件符号和连线

（1）采用上述步骤，从 REGS. LIB 库中选一个 g＿d 寄存器，并从 IOPADS. LIB 库中选择 G＿OUTPUT 符号。

（2）将它们互相连接，实现如图 2.3-4 所示的原理图。

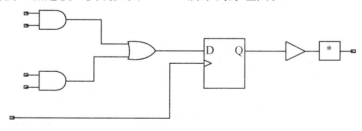

图 2.3-4　初步绘制的原理图

8. 连线命名和标注 I/O Marker

当要为连线加信号名称时，可以利用 ispDesign Expert 的特点，同时完成两件事，即同时添加连线和连线的信号名称。这是一个很有用的特点，可以节省设计时间。I/O Marker 是特殊的元件符号，指明了进入或离开这张原理图的信号名称。注意连线不能被悬空（dangling），它们必须连接到 I/O Marker 或逻辑符号上。这些标记采用与之相连的连线的名字，与 I/O Pad 符号不同，将在下面定义属性（Add Attribute）的步骤中详细解释。

（1）为了完成这个设计，选择 Add 菜单中的 Net Name 项。

（2）屏幕底下的状态栏将要提示输入的连线名，输入"A"并按 Enter 键，连线名会粘连在鼠标的光标上。

（3）将光标移到最上面的与门输入端，在引线的连接末端（即输入脚左端的红色方块）按鼠标左键，并向左边拖动鼠标。这样便可以在放置连线名称的同时，画出一根输入连线。输入信号名称现在应该是加注到引线的末端。

（4）重复这一步骤，直至加上全部的输入"B"、"C"、"D"和"CK"，以及输出"OUT"。

（5）选择 Add 菜单的 I/O Marker 项后，将会出现一个对话框，选择 Input。

（6）将鼠标的光标移至输入连线的末端（位于连线和连线名之间），并单击鼠标的左键。这时会出现一个输入连线的末端 I/O Marker，箭头框里是连线名称。

（7）将鼠标移至下一个输入连线的末端，重复上述步骤，直至所有的输入都有 I/O Marker。

（8）在对话框中选择 Output，然后单击输出连线端，加上一个输出 I/O Marker，然后关闭 I/O Marker 对话框。

至此，原理图就基本完成，它应该如图 2.3－5 所示。

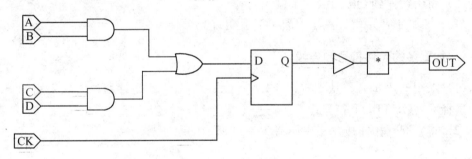

图 2.3－5 绘制好的原理图

9. 定义 ispLSI 器件的属性

可以为任何一个元件符号或连线定义属性。在下面这个例子中，可以为输出端口符号添加引脚锁定 LOCK 的属性。注意，在 ispDesign Expert 中，引脚的属性实际上是加到 I/O Pad 符号上，而不是加到 I/O Marker 上。同时，只有当需要为一个引脚增加属性时，才需要 I/O Pad 符号，否则只需要一个 I/O Marker。

（1）在菜单条上选择 Edit \ Attribute \ Symbol Attribute 项，这时会出现一个 Symbol Attribute Editor 对话框。

（2）单击需要定义属性的输出 I/O Pad。

（3）对话框里会出现一系列可供选择的属性，如图 2.3－6 所示。

（4）选择 SynarioPin 属性，并且把 OUTPUT 文本框中的"＊"替换成"4"。

（5）关闭对话框。

注意，此时数字"4"出现在 I/O Pad 符号内。

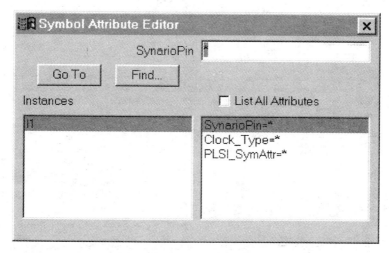

图 2.3－6　定义 ispLSI 器件属性的对话框

10. 保存设计

从菜单条上选择 File，并选 Save 命令，再选 Exit 命令退出。系统返回到初始启动窗口。

2.3.3　设计的编译与仿真

1. 建立仿真测试向量

（1）在已选择 ispLSI1032E－70LJ84 器件的情况下，选择 Source 菜单中的 New...命令。

（2）在对话框中，选择 ABEL Test Vector 并点击 OK 按钮。

（3）输入文件名 demo.abv 作为测试向量文件名。

（4）点击 OK 按钮。

（5）文件编辑器弹出后，输入测试向量，如图 2.3－7 所示。

```
module demo
c,x=.c.,.x.;
CK,A,B,C,D,OUT pin;
test_vectors
([CK,A,B,C,D]->[OUT])
[c,0,0,0,0]->[x];
[c,0,0,1,0]->[x];
[c,1,1,0,0]->[x];
[c,0,1,0,1]->[x];
end;
```

图 2.3－7　demo.abv 测试向量文件

（6）完成后，选择 File 菜单中的 Save 命令，以保留测试向量文件。

（7）再次选择 File，并选 Exit 命令。

此时，项目管理器（Project Navigator）应如图 2.3-8 所示。

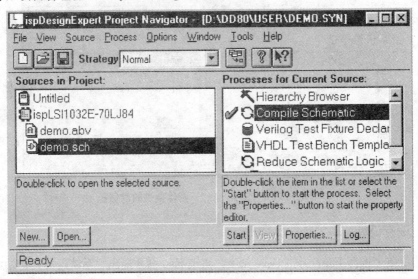

图 2.3-8　项目管理器窗口

2. 编译原理图与测试向量文件

现在已为设计项目建立起所需的源文件，下一步是执行每一个源文件所对应的处理过程。选择不同的源文件，可以从项目管理器窗口中观察到该源文件所对应的可执行过程。在这一步，分别编译原理图和测试向量。

（1）在项目管理器左边的项目源文件（Sources in Project）清单中选择原理图（demo. sch）。

（2）双击项目管理器右边的原理图编译（Compile Schematic）处理选项，这时会出现一个如图 2.3-9 所示的对话框。

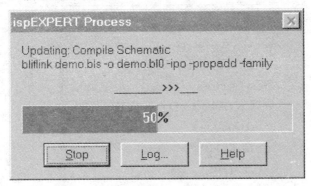

图 2.3-9　原理图编译过程中的对话框

（3）编译通过后，Compile Schematic 选项的左边会出现一个绿色的查对记号，以表明编译成功。编译结果将以逻辑方程的形式表现出来。如果编译没有成功，就会弹出一个出错报告清单。然后从源文件清单中选择测试向量源文件（demo. abv）。

（4）双击测试向量编译（Compile Test Vectors）器。这时会出现另一个状态对话框，编译成功后会出现相同的符号。如果编译失败，同样会给出一个出错报告。

3. 对所设计的电路进行软件仿真

ispDesign Expert 开发系统较先前的 ISP Synario 开发系统而言，在仿真功能上有了极大的改进，它不但可以进行功能仿真（Functional Simulation），而且可以进行时序仿真（Timing Simulation），在仿真过程中还提供了单步运行、断点设置功能。

4. 功能仿真

（1）在 ispDesign Expert System Project Navigator 主窗口左侧，选择测试向量源文件（demo. abv），双击右侧的 Functional Simulation 功能条，将弹出如图 2.3-10 的仿真控制窗口。

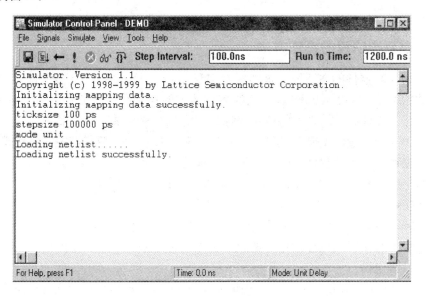

图 2.3-10 仿真控制窗口

（2）在 Simulator Control Panel 中，将根据（∗.abv）文件中所给出的输入波形进行一步到位的仿真。

（3）在 Simulator Control Panel 中，点击 Simulator \ Run，再点击 Tools \ Waveform Viewer 菜单，即可打开波形观察器 Waveform Viewer，波形都将显示在波形观察器的窗口中，如图 2.3-11 所示。

（4）单步仿真。选 Simulator Control Panel 窗口中的 Simulator \ Step，可对设计进行单步仿真。ispDesign Expert 系统中仿真器的默认步长为 100ns，可根据需要在点击 File \ Setup 菜单所激活的对话框（Setup Simulator）中重新设置所需要的步长。点击 Simulator Control Panel 窗口中的 File \ Reset 菜单，可将仿真状态退回至初始状态（0 时刻）。随后，每点击一次 Step，仿真器便仿真一个步长。

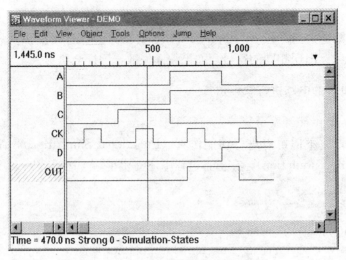

图 2.3—11　软件仿真波形观察器窗口

2.3.4　在系统编程的操作方法

Lattice ISP 器件的在系统编程能够在多种平台上通过多种方法来实现。在此仅介绍最常用的基于 PC 机 Windows 环境的菊花链式的在系统编程方法。由于在系统编程的结果是非易失性的，故又可将该编程称为"烧写"、"烧录"或"下载"。

利用 Window 版的 ISP 菊花链下载软件，对连接在 ISP 菊花链中的单片或多片 ISP 器件进行编程时，下载软件对运行环境的要求为：

①每个待编程器件的 JEDEC 文件（由前面的设计过程所得）。

②连接于 PC 机并行口上的 ISP 下载电缆。

③Windows 98/2000/XP/NT 或更高版本的 PC 机操作系统。

④带有 ISP 接口的目标硬件（如教学实验板、电路板或用户整机）。

编程过程包括：

（1）在 ispDesign Expert System Project Navigator 窗口中的源文件区选中器件名，如 ispLSI1032E－70LJ84，双击右侧的 ISP Daisy Chain Download 栏（或直接在 Microsoft Windows 桌面上点击 Start \ Programs \ Lattice Semiconductor \ ispDCD），打开 ISP 菊花链下载窗口。

（2）建立一个新的结构文件。

（3）检查结构文件。

（4）对菊花链进行编程。

下面详细介绍编程过程。

首先在 Windows 中打开 ISP 菊花链下载窗口。

ISP 菊花链下载软件利用结构文件来定义下列信息：

①各个 ISP 器件的位置（序号）和型号。

②对各个 ISP 器件将要进行的操作（读出、写入、校验或无操作等）。

　　若 PC 机已经通过在系统编程电缆连接到教学实验板或目标硬件板上，那么建立结构文件最简单的方法是利用 Configuration \ Scan Board 命令。这一命令执行之后就产生一个包含有菊花链中所有器件的基本结构文件。然而此时结构文件中还缺乏关于进行何种操作和写入哪一个 JEDEC 文件的信息（注：结构文件的后缀为 ∗.DLD，它适用于 DOS 或 Windows 两种环境）。

　　图 2.3-12 显示了用 Configuration \ Scan Board 命令来产生 ISP 教学实验板结构文件的情形。图中的两行表示实验板上有两片 ISP 器件：第一片（即编程数据来自 PC 机的那一片）器件型号为 ispLSI1032E；第二片器件型号为 ispLSI1048C。

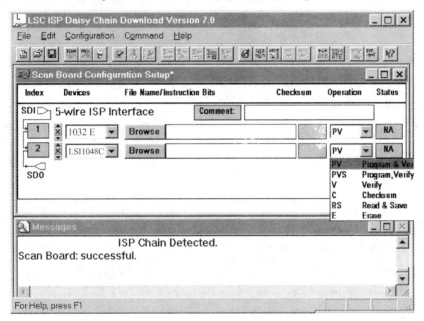

图 2.3-12　结构文件设置

　　下一步是为菊花链软件中需要编程的每个器件选择一个 JEDEC 文件，这可通过向 File 栏中直接键入文件名称或利用浏览键（Browse）来完成。对每个器件还应当从 peration 栏中选择合适操作方式（默认方式为编程加校验）。注意编程（Program）、校验（Verify）和读出存盘（Read & Save）都需要事先确定操作的文件名称。擦除（Erase）、求熔丝阵列的检查和（Check sum）不进行操作（No Operation）则无需确定操作文件名称。

　　当结构文件建立起来时，为防止出现 JEDEC 文件所对应的器件与实际器件不符之类的错误，应当对其进行校验。为此可从主菜单中选择 Command \ Check Configuration Setup 命令来进行检验。

　　结构文件一旦建立起来并通过校验后，就可进行器件编程。为此可从主菜单中选择 Command \ Turbo Download \ Run Turbo Download 命令。在编程过程中，每个器件的 Status 窗口都会显示操作进程和结果。出现 Pass，表示编程完毕。一旦出现 Fail，应根据 Message 窗口中的提示进行检查，待问题解决后才能重新编程。

　　新建立的或经过修改的结构文件如果在以后需要反复使用，可利用 File \ Save（或

Save As）命令将其存盘。这样，在下次使用时，只要用 File \ Open 命令就能调出整个结构文件。

2.4　Multisim 2001

Multisim 2001 是 Interactive Image Technologies 公司推出的以 Windows 为基础的板级仿真工具，适用于模拟/数字线路板的设计。该工具在一个程序包中汇总了框图输入、Spice 仿真、HDL 设计输入和仿真及其他设计能力，可以协同仿真 Spice、Verilog 和 VHDL，并把 RF 设计模块添加到成套工具的一些版本中。

Multisim 2001 是在 Electrical Workbench（EWB）软件基础上发展而来的。EWB 是专门用于电子线路仿真和设计的"虚拟电子工作台"，是一种在计算机上运行的电路仿真软件，用来模拟硬件实验的工作平台。EWB 是加拿大 Interactive Image Technologies 公司于 20 世纪 90 年代推出的。它成功地把原理图设计、系统模拟与仿真及虚拟仪器等融于一体，可将不同类型的电路组合成混合电路进行仿真。这样一方面克服了实验室条件的限制，另一方面又可以针对不同的实验目的（验证、设计、创新、纠错等）任意进行操作。

Multisim 是一个完整的设计工具系统，提供了一个非常大的零件数据库，并提供原理图输入接口、全部的数模 Spice 仿真功能、VHDL/Verilog 设计接口与仿真功能、FPGA/CPLD 综合、RF 设计能力和后处理功能，还可以进行从原理图到 PCB 布线工具包（如 Electrical Workbench 的 Ultiboard）的无缝隙数据传输。它提供的单一易用的图形输入接口可以满足设计者的设计需求。Multisim-7 还推出了三维立体类元件库，增加了趣味性，特别适合电子电路初学者使用。

Multisim 提供全部先进的设计功能，可以同其他流行的电路分析、设计和制板软件交换数据，满足设计者从参数到产品的设计要求。因为程序将原理图输入、仿真和可编程逻辑紧密集成，设计者可以放心地进行设计工作，不必顾及不同供应商的应用程序之间传递数据时经常出现的问题。

Multisim 最突出的特点之一是用户界面友好，尤其是多种可放置到设计电路中的虚拟仪表很有特色。这些虚拟仪表主要包括示波器、万用表、瓦特表、函数发生器、波特图图示仪、失真度分析仪、频谱分析仪、逻辑分析和网络分析仪等，其虚拟仪器、仪表的控制面板的外形和操作方式都与实物十分相似，并可实时显示测量结果，从而使电路仿真分析操作更符合电子工程技术人员的实验工作习惯。与目前流行的某些 EDA 工具中的电路仿真模块相比，可以说 Multisim 模块设计得更完美，更具有人性化设计的特色。实际上，Multisim 模块是将虚拟仪表的形式与 SPICE 中的不同仿真分析内容有机结合，如电路中某个节点接"示波器"，就是告诉程序要对该点处信号进行瞬态分析，接"万用表"就是进行直流工作点分析，接"函数发生器"就是设置一个 SPICE 源，接"波特图图示仪"就是进行交流小信号分析，接"频谱分析仪"就是进行快速傅立叶分析。

　　Multisim 不仅是优秀的电子系统设计工具，同时也是一种优秀的电子技术训练工具。利用它提供的虚拟仪器，可以用比实验室中更灵活的方式进行电路实验，仿真电路的实际运行情况，熟悉和掌握常用电子仪器的测量方法，而不必担心损坏仪器设备和电子元器件。

　　事实上，Multisim 软件在众多的电子系统设计与仿真软件中是最容易掌握的，完全可以通过自学掌握。它的难点不在于对软件的掌握，而是在于对各种测试仪器、仪表的应用常识和技能，图 2.4－1 就是它的工作界面。读者可在购买的程序安装软件中得到教学示范用的 VCD 文件或 PDF 文件，通过文件的演示学习，就能很轻易地掌握这套软件的应用方法和技巧。

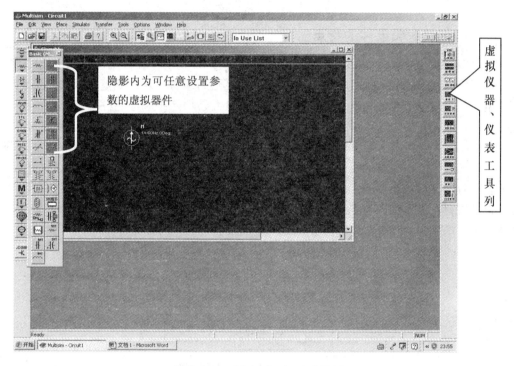

图 2.4－1　Multisim 2001 主窗口

第三章　可编程逻辑器件

3.1　可编程逻辑器件概述

3.1.1　可编程逻辑器件的特点

可编程逻辑器件（Programmable Logic Device，PLD）是一种大规模集成电路芯片，可根据用户的实际要求，由用户或 IC 制造厂商对其进行编程，从而制造符合用户要求的专用电路。它与分立元件相比，具有速度快、容量大、功耗小和可靠性高等优点。由于集成度高，设计方法先进，可用于设计各种数字逻辑系统。因此，在通信、数据处理、网络、仪器、工业控制、军事和航空航天等众多领域内得到了广泛应用，相信在不久的将来会全部取代中小规模的标准数字元件。因此，尽快地掌握 PLD 的工作原理与学会 PLD 的设计技术是很重要的。单片的 PLD 内集成了大量逻辑门和具有一定功能的逻辑单元。PLD 的基本结构如图 3.1−1 所示。其中，与阵列用以产生"与"逻辑项（乘积项），或阵列用以把所有与门输出的乘积项构成"与−或"形式的逻辑函数。

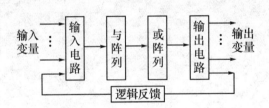

图 3.1−1　PLD 的基本结构框图

在数字系统设计中采用 PLD，具有以下优点：

1.　器件集成度高

器件集成度是指在给定的体积内可集成逻辑功能的数目。一般来说，一片简单型 PLD（Simple PLD，SPLD）至少可替代 4~20 个中小规模标准数字集成电路芯片；高密度 PLD（HDPLD），如 CPLD 和 FPGA，包含的等效门电路数目庞大，相应的逻辑功能块的数目更多，目前单片 HDPLD 密度已达几千万门，更高密度的芯片还会不断出现。

2.　工作速度高

现在有不少品种的 PLD 由引脚到引脚（pin−to−pin）间的传输延迟时间仅为数纳

秒，这将使由 PLD 构成的系统具有更高的运行速度。

3. 设计效率高

PLD 引脚的逻辑功能是根据用户需要来设定的，各个芯片制造商都为自己的系列产品开发出了强有力的设计工具来支持，不管是在构思阶段，还是在实现阶段，都能快速地进行一种功能或多种功能的设计。一般中小规模标准数字系列集成电路的逻辑设计，需要将多个固定功能的芯片按照逻辑功能要求进行搭接，这是较繁琐、困难的。因为它牵涉到芯片之间的连线问题、芯片的布局问题及相互之间的影响等，往往是经过多次实验和反复修改才能制出一块较为可靠的功能电路。显然，这一落后的方式很快就会被 PLD 方式所取代，所以有些厂商已经停止了标准数字系列芯片的制造。

4. 灵活性高

先进的 PLD 具有可编程、可擦除的特点，为设计带来了许多灵活性。在设计过程中，可以多次反复地修改设计方案，增添新的逻辑功能，但不需要增加器件。这可充分发挥设计者的创造性，设计出更精良的产品。

5. 多种编程技术

早期的 SPLD 芯片的编程必须把芯片插在专门的编程器上才能进行。如果编程后的芯片已被安装在 PCB 板上，那么除非把它从 PCB 板上拆下，否则就不能对它进行再编程。也就是说，安装在 PCB 板上的芯片是不能对它进行再编程的。

在系统可编程技术（in-system-programmablity，ISP）和在电路可配置（或称可重构）技术（in-circuits reconfiguration，ICR）就是为克服这一缺点而开发的。具有 ISP 或 ICR 功能的芯片，即使芯片已经安装在目标系统的印制板上，仍可对其进行编程，以改变它的逻辑功能，改进系统性能，这为系统设计者提供了极大的方便。

此外，还有一种反熔丝（Antifuse）工艺的一次性非丢失编程技术，具此特性的 HDPLD 芯片具有高可靠性，适用于某些特殊场合。

3.1.2 PLD 的分类

从不同角度出发，可对 PLD 进行分类。

1. 根据 PLD 集成的门电路数量分类

根据 PLD 门电路集成的逻辑门数量，可将 PLD 分为低密度和高密度两大类，即以 1000 门为界，1000 门以下的为低密度器件（LDPLD），1000 门以上的为高密度器件（HDPLD）。如 PROM、PLA、PAL、GAL（PALCE）等都属于低密度器件，现今流行的 CPLD、FPGA 等则属于高密度器件。

2. 根据 PLD 中与阵列、或阵列是否可编程分类

根据 PLD 中与阵列、或阵列是否可编程，可将 PLD 器件分为三种基本类型：一是

与阵列固定，或阵列可编程，如 PROM；二是与阵列、或阵列均可编程，如 PLA；三是与阵列可编程，或阵列固定，如 PAL、GAL、CPLD 等。

3. 根据 PLD 的结构体系分类

根据 PLD 的结构体系，可将 PLD 器件分为简单型 PLD（即 SPLD，如 PAL、GAL）、复杂 PLD（如 CPLD）和现场可编程门阵列（FPGA）三大类。一般来说，CPLD 是在一块芯片上集成多个 PAL 块，其基本逻辑单元是乘积项，即 CPLD 是乘积项阵列的集合，各个 PAL 块可以通过共享的可编程互连资源交换信息，以实现 PAL 块之间的互连，因此 CPLD 通常又被称为分段式阵列结构。CPLD 的主要特点是速度可预测性较好，但集成度不够高。现场可编程门阵列 FPGA 与传统的掩膜编程门阵列相似，即芯片内部由纵横交错的分布式可编程互连线连接起来的逻辑单元阵列 LCA（Logic Cell Array）组成，因此 FPGA 通常又被称为通道式阵列结构。

尽管 FPGA 和 CPLD 都是可编程 ASIC 器件，有很多共同特点，但由于结构上的差异，它们又具有各自的特点：

①FPGA 的集成度比 CPLD 高，具有更复杂的布线结构和逻辑实现。

②CPLD 比 FPGA 使用更方便。CPLD 的编程采用 E^2PROM 或 FLASH 技术，无需外部存储器芯片，使用简单。FPGA 的编程信息存放在外部存储器上。因此，CPLD 保密性好，FPGA 保密性差。

③在编程方式上，CPLD 主要是基于 E^2PROM 或 FLASH 存储器编程，编程次数可达 1 万次，优点是系统断电时编程信息也不丢失。CPLD 又可分为在编程器上编程和在系统编程两类。FPGA 大部分是基于 SRAM 编程，编程信息在系统断电时丢失，每次通电时，需从器件外部将编程数据重新写入 SRAM 中。其优点是可以编程任意次，可在工作中快速编程，从而实现板级和系统极的动态配置。

④CPLD 通过修改具有固定内连电路的逻辑功能来编程，FPGA 主要通过改变内部连线的布线来编程；FPGA 可在逻辑门下编程，而 CPLD 是在逻辑块下编程。因此，在编程上 FPGA 比 CPLD 具有更大的灵活性。CPLD 的速度比 FPGA 快，并且具有较大的时间可预测性。

⑤CPLD 的连续式布线结构决定了它的时序延迟是均匀的和可预测的，而 FPGA 的分段式布线结构决定了其延迟的不可预测性。

⑥FPGA 更适合于触发器丰富的结构，而 CPLD 更适合于触发器有限而乘积项丰富的结构。

3.1.3 可编程元件

可编程逻辑器件 SPLD、CPLD 和 FPGA 等都采用可编程元件来存储逻辑配置数据或作为电子开关使用。常用的可编程元件有如下三种类型：

①熔丝（Fuse）或反熔丝（Antifuse）型开关元件。

②浮栅型元件，E^2PROM（电可擦写存储器）。

③静态随机存储器（SRAM）型元件。

其中，前两类为非易失性元件，编程后保持逻辑配置数据；SRAM 类为易失性元件，即掉电后数据会丢失。熔丝和反熔丝开关元件能写一次，称之为 OTP 元件，即一次性可编程元件。

1. 熔丝开关和反熔丝开关

熔丝开关是最早的可编程元件，由可以用电流熔断的熔丝组成。

使用熔丝开关技术的可编程逻辑器件（如 PROM、CPLD 和 FPGA 等）在需要编程的互连节点上设置相应的熔丝开关。在编程时，需要保持连接的节点则保留熔丝，需要去除连接的节点则烧断熔丝，最后留在器件内的熔丝状态决定相应的逻辑功能。

熔丝编程的原理可以用图 3.1-2 说明。

熔丝开关烧断后不能够恢复，只能够编程一次，而且很难测试熔丝开关的可靠性。在器件编程时，即使发生数量非常少的错误，也会造成器件不能正确执行功能。另外，为了保证熔丝熔化时产生的金属物质不影响器件的其他部分，熔丝还需要留出极大的保护空间，因此熔丝占用的芯片面积较大。

为了克服熔丝开关的缺点，又开发出了反熔丝开关。反熔丝开关通过击穿介质达到连通线路的目的。

图 3.1-3 是 Actel 公司的 PLICE 反熔丝的结构示意图。反熔丝位于 N$^+$ 扩散层和多晶硅之间的介质上，其生产工艺和 CMOS、双极型工艺兼容。这个夹在两层导体之间的介质，当有高电压加于其上时，介质被击穿，把两层导电材料连通。反熔丝元件是非易失性的 OTP 可编程元件，在未编程时，阻抗很大；当加上 18V 编程电压将其击穿后，接通电阻小于 1kΩ。反熔丝元件在硅片上只占一个通孔的面积。在一个 2000 门的器件中，可以设置 186000 个反熔丝，平均每门约 90 个反熔丝。因此，反熔丝元件占用的硅片面积很小，十分适宜于做集成度很高的可编程器件的编程元件。

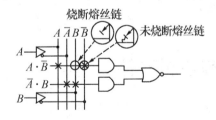

图 3.1-2　熔丝编程的原理示意图

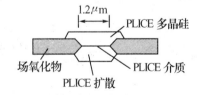

图 3.1-3　反熔丝元件的结构示意图

2. 浮栅编程技术

浮栅编程技术包括电擦除、电编程的 E^{2}PROM 及闪速存储器 Flash ROM。

E^{2}PROM 是电擦除、电编程的元件。E^{2}PROM 有多种工艺，下面以 FLOTOX 浮栅管为例，说明 E^{2}PROM 的编程和擦除原理。

FLOTOX 浮栅管的结构如图 3.1-4 所示。原始状态的浮栅中没有电子，P 型衬底中存在一条由电子构成的 N 型导电沟道，浮栅管呈导通状态。在编程时，源极和漏极接地，顶栅上加高压脉冲，浮栅中注入电子。由于浮栅与 P 型衬底的电容效应，N 型导电沟道被中和而消失，浮栅管截止。在擦除时，顶栅接地，源极浮起，高电压脉冲加到漏极上，在二氧化硅（SiO_2）层感应出足够多数目的电荷来中和浮栅上的电子，从而恢复到原始的导通状态。

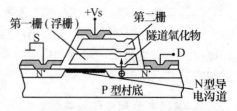

图 3.1-4　E^2PROM 浮栅管的结构

闪速存储器（Flash ROM）又被称为快速擦除存储器。闪速存储器对 E^2PROM 进行了改进，这类存储器可以在若干毫秒内擦除全部或一段存储内容，而不像早期的 E^2PROM 一次只能擦除一个字节。Flash E^2PROM 的单元结构与 E^2PROM 类似。

最早采用浮栅技术的存储元件都要求使用两种电压，5V 逻辑电压和 12V～21V 的编程电压。现在，该技术已普遍采用一种电压供电，由 E^2PROM 器件内部的升压电路提供编程和擦除电压。现在大多数单电源供电芯片是 5V 的产品，也有部分芯片为 3.3V 的产品。由于该电压越低，工作速度就可越快，故低电压技术在不断发展。

E^2PROM 和 Flash E^2PROM 都是可重复擦除的存储元件，属于非易失元件。在现有工艺水平下，浮栅元件的擦写寿命已高达十几万次，故该技术被广泛应用于移动 U 盘、MP3、各类照相机的存储卡中。

3. SRAM 配置存储器

FPGA 使用芯片内部的编程 SRAM 来存储逻辑配置数据，称配置存储器。通过对各存储单元的编程，来控制逻辑阵列中门的"开"与"关"，从而实现不同的逻辑功能。编程过程实际上是对各存储单元写入数据的过程，这种 SRAM 结构具有很强的抗干扰性，不易受外界因素的影响。配置完成后，FPGA 进入工作状态。掉电后，FPGA 恢复成白片，内部逻辑关系消失，片内的 SRAM 可以无限次地写入，因此 FPGA 能够反复使用。

3.2　简单的可编程逻辑器件

3.2.1　可编程阵列逻辑器件

可编程阵列逻辑器件（PAL）采用可编程与门阵列和固定连接或门阵列的基本结构形式，一般采用熔丝编程技术实现与门阵列的编程。各种型号 PAL 的门阵列规模有大有小，但基本结构类似。用 PAL 门阵列实现逻辑函数时，每个输出是若干个乘积项之和，即用乘积项之和的形式实现逻辑函数，其中乘积项数目固定不变。图 3.2-1（a）是 PAL 编程前的结构图，它的每个输出信号包含 4 个乘积项。若用它来实现下列 4 个逻辑函数：

$L_0 = \overline{A} \cdot B \cdot C + A \cdot C + B \cdot C$

$$L_1 = \overline{A} \cdot \overline{B} \cdot C + A \cdot \overline{B} \cdot \overline{C} + A \cdot B \cdot \overline{C}$$

$$L_2 = \overline{A} \cdot B + A \cdot \overline{B}$$

$$L_3 = \overline{A} \cdot B + \overline{A} \cdot \overline{B} \cdot C$$

编程后的 PAL 连接形式如图 3.2-1 (b) 所示。

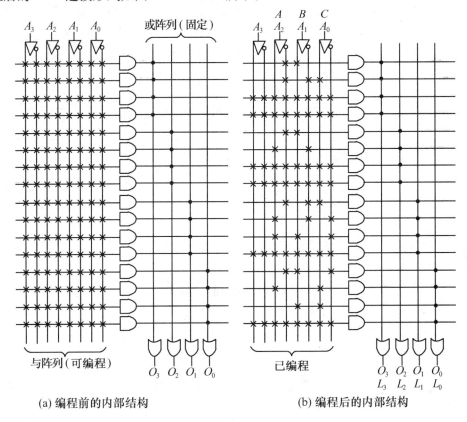

(a) 编程前的内部结构　　　　　　　　　(b) 编程后的内部结构

图 3.2-1　PAL 的基本结构

3.2.2　可编程通用阵列逻辑器件

　　PAL 器件采用熔丝编程技术，靠熔丝烧断达到编程的目的，一旦编程便不能改写。另一方面，不同输出结构的 PAL 器件对应不同型号的 PAL 器件，不便于用户使用。而通用阵列逻辑器件（GAL 器件）是在 PAL 器件的基础上开发的新一代器件，其结构与 PAL 器件一样，也是由可编程的与阵列去驱动固定的或阵列，但它的输出单元的结构与 PAL 器件完全不同。GAL 器件的每个输出引脚都接有一个输出逻辑宏单元（OLMC），这些宏单元可由设计者通过编程进行不同模式的组合，可配置成专用组合输出、专用输入、组合输出双向口、寄存器输出、寄存器输出双向口等工作模式，为逻辑电路设计提供了极大的灵活性。与 PAL 器件相比，GAL 器件由于采用了先进的 E^2CMOS 工艺，数秒内即可完成芯片的擦除和编程过程，并可反复改写，因此 GAL 器件较 PAL 先进许多。

1. GAL 器件的基本结构

根据 GAL 器件的门阵列结构，可以把现有的 GAL 器件分为两大类：一类与 PAL 器件基本相似，即与门阵列可编程，或门阵列固定连接，这类器件如 GAL16V8、ispGAL16V8 和 GAL20V8 等；另一类 GAL 器件的与门阵列和或门阵列都可编程，GAL39V18 就属于这类器件。前一类 GAL 器件具有基本相同的电路结构。

通用型 GAL 器件包括 GAL16V8 和 GAL20V8 两种。其中，GAL16V8 是 20 脚器件，器件型号中的 16 表示最多有 16 个引脚可作为输入端，器件型号中的 8 表示器件内含有 8 个 OLMC，最多可有 8 个引脚作为输出端，GAL16V8 的其余引脚分别为电源 V_{CC} 和地线 GND，引脚分布见图 3.2－2。同理，GAL20V8 的最大输入引脚数是 20，GAL20V8 是 24 脚器件。

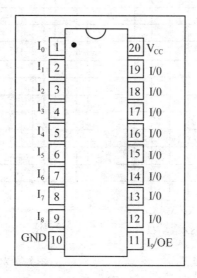

图 3.2－2　GAL16V8 的引脚分布

下面以 GAL16V8 芯片为例，说明 GAL 器件的电路结构和工作原理。与 PAL 相比，其结构仅在输出结构上不同。图 3.2－3 为 GAL16V8 芯片的内部结构的逻辑图。

GAL 器件的电路主要由以下 5 个部分组成：

（1）8 个输入缓冲器（引脚②～⑨）与 8 个反馈/输入缓冲器，每个缓冲器都有一个原变量和一个反变量，这样可为与阵列提供 32（0～31）个输入变量。

（2）8×8 个与门可形成与阵列的 64 个乘积项。这样，与阵列中的 32 个输入变量与这 64 个乘积项就可以产生 32×64＝2048 个可编程逻辑单元。

（3）8 个输出逻辑宏单元（OLMC），每个宏单元接 8 个与门的输出和用一个三态输出缓冲器作输出口。其中，引脚⑲、⑱、⑰和⑭、⑬、⑫所对应的三态输出缓冲器都有反馈线接到邻近的 OLMC，以便将输出信息通过邻近 OLMC 反馈到与阵列，可以实现时序逻辑功能电路的编程；引脚⑮、⑯所对应的三态输出缓冲器无反馈线接到邻近的 OLMC。

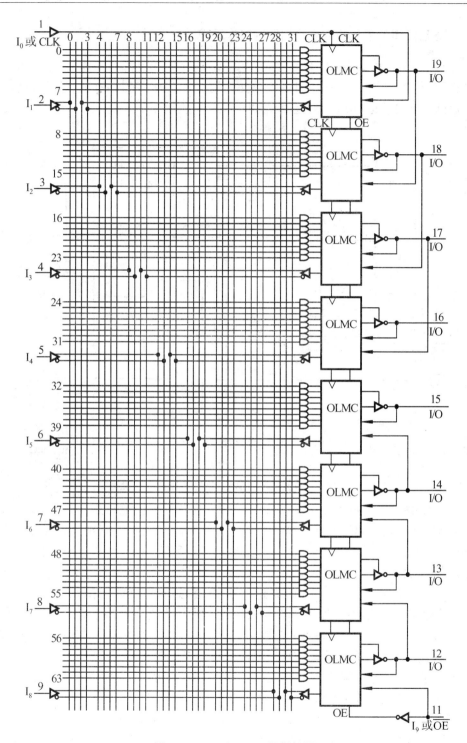

图 3.2－3　GAL16V8 逻辑框图

（4）系统时钟 CLK（引脚①）的输入缓冲器。

（5）三态输出缓冲器的公用使能信号 $\overline{\text{OE}}$（引脚⑪）的输入缓冲器。

2. 输出逻辑宏单元的工作模式及其工作原理

在 GAL16V8 中共有 8 个输出逻辑宏单元，每个宏单元都有三种工作模式可供设计人员选用。这里以第 12 引脚内部的宏单元为例，介绍这三种模式的状态及特点。

输出逻辑宏单元 OLMC 的逻辑图如图 3.2－4 所示。

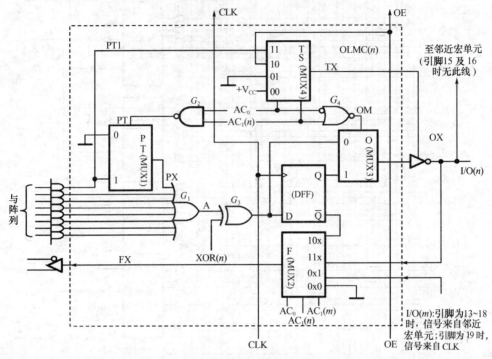

图 3.2－4　输出逻辑宏单元 OLMC（n）的逻辑图

OLMC 由 4 个多路开关 MUX、1 个 D 触发器及 4 个门电路 $G_1 \sim G_4$ 组成。通过多路开关 MUX 切换不同的连接方式，可以产生多种输出结构，分别属于三种工作模式（注意：一旦确定了某种模式，片内所有的 OLMC 都将在同一种模式下工作）。三种输出模式分别为：

（1）寄存器模式。在寄存器模式下，OLMC 有如下两种输出结构：

①寄存器输出结构，如图 3.2－5 所示。图中异或门 G_3 的输出经 D 触发器和 MUX3 送至三态门 OX，触发器的时钟端 CLK 连公共 CLK 引脚、三态门的使能端 OE 经 MUX4 连至公共 OE 引脚，信号反馈来自 D 触发器的 $\overline{Q}$ 端。

②寄存器模式组合输出双向口结构，如图 3.2－6 所示。输出三态门受控于 OE，输出反馈至本单元，该组合输出不经过 D 触发器。

（2）复合模式。在复合模式下，OLMC 则有如下两种结构：

①组合输出双向口结构，如图 3.2－7 所示。其大致与寄存器模式下组合输出双向口结构相同，区别是引脚 CLK、OE 在寄存器模式下为专用公共引脚，不可作 I_0 或 I_9 使用。

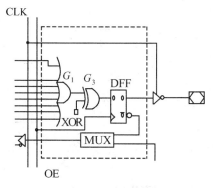

图 3.2－5　寄存器输出结构图

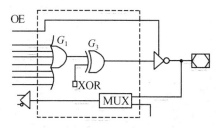

图 3.2－6　寄存器模式组合输出双向口结构图

②组合输出结构，如图 3.2－8 所示。除了无反馈外，其他同组合输出双向口结构。

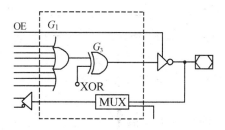

图 3.2－7　组合输出双向口结构图

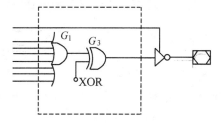

图 3.2－8　复合型组合输出结构图

（3）简单模式。在简单模式下，OLMC 可定义为如下三种输出结构：

①反馈输入结构，如图 3.2－9 所示。输出三态门被禁止，处于高阻（离线）状态。该单元的"与－或"阵列没有输出功能，但可作为相邻单元反馈信号的输入端。该单元反馈输入端的信号来自另一个相邻单元。

②输出反馈结构，如图 3.2－10 所示。输出三态门被固定打开，输出信号处于直通状态。

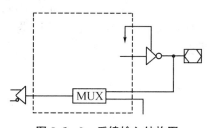

图 3.2－9　反馈输入结构图

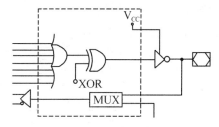

图 3.2－10　输出反馈结构图

③简单模式输出结构，如图 3.2－11 所示。异或门 G_3 输出不经过触发器，直接通过被固定打开的三态门输出。该单元的输出可以通过相邻单元进行反馈，此单元没有信号反馈功能。

OLMC 的所有这些输出结构、工作模式的选择及确定（即对其中的多路选择器的控制）均由计算机根据设计文件的逻辑关系自动形成控制文件。

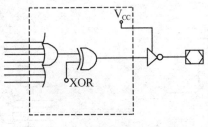

图 3.2-11　简单模式输出结构图

3.3　复杂的可编程逻辑器件

3.3.1　复杂的可编程逻辑器件的基本结构

复杂的可编程逻辑器件（CPLD）将简单的可编程逻辑器件（SPLD，如 PAL、GAL 器件等）的概念做了进一步的扩展，并提高了器件的集成度。和 SPLD 相比，CPLD 允许有更多的输入信号、更多的乘积项和更多的宏单元。CPLD 内部含有多个通用逻辑单元块（GLB），每个逻辑单元块就相当于一个 GAL 器件，这些逻辑单元块之间可以使用可编程的内部连线实现相互连接，而且采用逻辑单元块使结构规划更加合理，从而有效节约硅片使用面积，提高性能，降低成本。目前，生产 CPLD 的著名公司有多家，尽管各个公司的器件结构千差万别，但它们仍有共同之处，图 3.3-1 给出了通用的 CPLD 的结构框图。

由于 Altera 公司生产的 MAX 7000 系列在我国应用较为广泛，其结构具有一定的代表性，因此以 MAX 7000 系列为例，介绍 CPLD 的电路结构及其工作原理。这种器件的最大特点是"在系统可编程（ISP）"特性。所谓在系统可编程是指未编程的 ISP 器件可以直接焊接在印制电路板上，然后通过计算机的并行口和专用的编程电缆对焊接在电路板上的 ISP 器件直接进行编程，并且可以反复多次编程，从而使器件具有所需要的逻辑功能。如前所述，ISP 技术还可以随时对焊接在电路板上的 ISP 器件的逻辑功能进行修改，从而加快了数字系统的调试开发过程。

3.3.2　MAX 7000 系列器件的结构

MAX 7000 系列器件是以第二代多阵列结构为基础的高性能、高密度的 CMOS 型 CPLD，在制造工艺上，采用了先进的 CMOS $E^2 PROM$ 技术，具有 500~600 个可用门阵列。它主要包括三个子系列，即 MAX 7000S、MAX 7000A 和 MAX 7000B。这三个子系列的结构大致相同，但芯片的工作电压不一样，如表 3.3-1 所示。

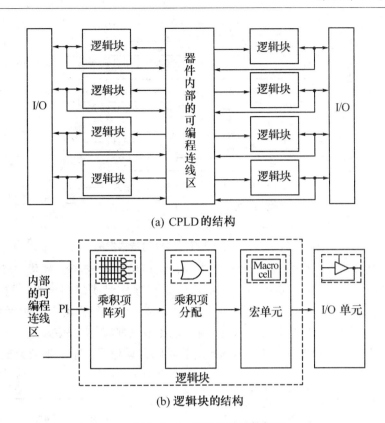

(a) CPLD 的结构

(b) 逻辑块的结构

图 3.3-1 CPLD 的结构框图

从结构上看，MAX 7000 器件包括下面三个部分：

（1）通用逻辑阵列块（Generic Logic Bloks，GLB）；

（2）可编程连线阵列（Programmable Interconnet Array，PIA）；

（3）I/O 控制块（I/O Control Blocks）。

此外，每个芯片包含 4 个专用输入端，可用作通用输入，也可作为每个宏单元和 I/O 引脚的高速、全局控制信号。其中，全局控制信号包括时钟、异步清零和 2 个输出使能。

表 3.3-1 MAX 7000 器件的工作电压

器件系列	工作电压 /V
MAX 7000S	5
MAX 7000A	3.3
MAX 7000B	2.5

1. 逻辑阵列块

MAX 7000 系列器件的结构主要由 GLB 以及它们之间的连线构成，如图 3.3-2 所示。每个 GLB 由 16 个宏单元组成，每个 GLB 通过 PIA 和全局总线连接在一起。

2. 宏单元

每个宏单元由逻辑阵列、乘积项选择矩阵和可编程触发器这三个功能块组成。MAX 7000S 器件的宏单元的结构框图如图 3.3-3 所示。

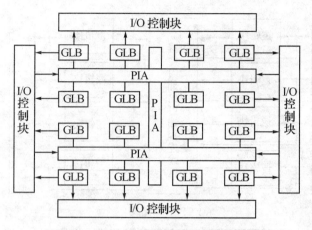

图 3.3－2　MAX 7000 系列器件的结构框图

图 3.3－3 中的逻辑阵列实现组合逻辑功能，它可给每个宏单元提供 5 个乘积项。乘积项选择矩阵用于分配这些乘积项，并将这些乘积项作为或门和异或门的主要逻辑输入，以实现组合逻辑函数，矩阵中的每个宏单元的一个乘积都可以反相后回送到逻辑阵列。这个可共享的乘积项能够连到同一个 LAB 中任何其他乘积项上。根据逻辑设计的需要，开发软件 MAX＋plusⅡ和 QuartusⅡ可以自动地优化乘积项的分配。

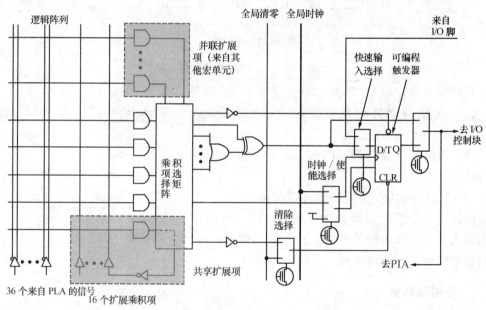

图 3.3－3　MAX 7000S 器件的宏单元结构图

每个宏单元的触发器都可以单独地编程为具有可编程时钟控制的 D、T、JK 或 RS 触发器工作方式。如果需要，也可将触发器旁路，以实现纯组合逻辑输出。在设计输入时，用户可以规定所希望的触发器类型，然后由 MAX＋plusⅡ对每一个寄存器功能选择最有效的触发器工作方式，以使设计所需要的器件资源最少。

3. 扩展乘积项

尽管大多数逻辑函数都能通过每个宏单元中的 5 个乘积项实现，但某些逻辑函数比较复杂，要实现它们，需要附加乘积项。为获得所需要的逻辑资源，MAX 7000 器件不是利用另一个宏单元，而是利用 MAX 7000 器件结构中具有的共享和并联扩展乘积项，再将这两种扩展项作为附加的乘积项直接送到 LAB 的任意宏单元中。利用扩展项可保证在实现逻辑综合时，用尽可能少的逻辑资源，得到尽可能快的工作速度。

1）共享扩展项

每个 LAB 有 16 个共享扩展。共享扩展项就是由每个宏单元提供一个未使用的乘积项，并将它们反相反馈到逻辑阵列，便于集中使用。每个共享扩展项可被 LAB 内任何（或全部）宏单元使用和共享，以实现复杂的逻辑函数。采用共享扩展项后会增加一个短的延时。MAX 7000S 器件的共享扩展项如图 3.3−4 所示。

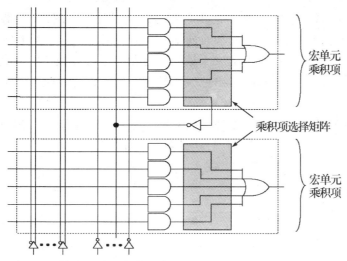

图 3.3−4　MAX 7000S 器件的共享扩展项

2）并联扩展项

并联扩展项是一些宏单元中没有使用的乘积项，并且这些乘积项可分配到邻近的宏单元去实现快速复杂的逻辑函数。并联扩展项允许多达 20 个乘积项直接馈送到宏单元的或逻辑，其中 5 个乘积项是由宏单元本身提供的，15 个并联扩展项是由 LAB 中邻近宏单元提供的。

4. 可编程连线阵列

可编程连线阵列（PIA）是将各 LAB 相互连接构成所需逻辑的布线通道。PIA 能够把器件中任何信号源连到其目的地。所有 MAX 7000 器件的专用输入、I/O 引脚和宏单元输出均馈送到 PIA，PIA 可把这些信号送到器件内的各个地方。

图 3.3−5 显示了 PIA 布线到 LAB 的方式。在掩膜或现场可编程门阵列（FPGA）中基于通道布线方案的布线延时是累加的、可变的和与路径有关的；而 MAX 7000 器

件的 PIA 则有固定的延时。因此，消除了信号之间的时间偏移，使得时间性能容易预测。

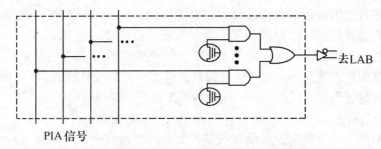

图 3.3-5　MAX 7000S 器件的 PIA 结构图

5. I/O 控制块

图 3.3-6 为 MAX 7000S 器件的 I/O 控制块的结构示意图。I/O 控制块允许每个 I/O 引脚单独地配置为输入、输出和双向工作方式。所有 I/O 引脚都有一个三态缓冲器，它能由全局输出使能信号中的一个信号来控制，也可以把使能端直接连引脚作为专用输入引脚使用。当三态缓冲器的控制端接高电平（V_{CC}）时，输出被使能（即有效）。

I/O 控制块有 6 个全局输出使能信号（见图 3.3-6），它们可以由以下信号同相或反相驱动：2 个输出使能信号、1 组 I/O 引脚或 1 组宏单元。

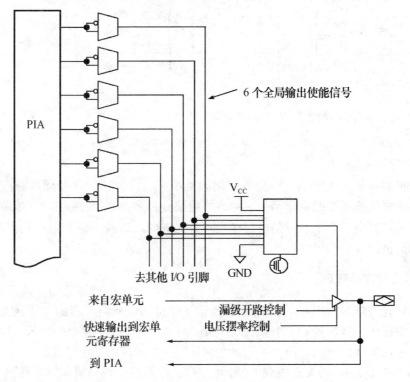

图 3.3-6　MAX 7000S 器件的 I/O 控制块结构图

6. MAX 7000 系列器件的在系统编程功能

所有 MAX 7000 器件都具有在系统编程的功能，支持 JTAG 边界扫描测试。只需通过一根下载电缆连接到目标板上，就可以非常方便地实现在系统编程，大大方便了电路的调试和器件的开发。

7. MAX 7000 系列器件的封装

MAX 7000 器件有 PLCC（塑封 J 型引线封装）、PQFP（塑封四角扁平封装）、TQFP（薄型塑封四角扁平封装）三种封装形式，图 3.3－7 是其 84 脚 PLCC 封装的引脚图，该封装有 4 个专用输入引脚和 64 个 I/O 引脚。这里举例的芯片型号是 EPM 7128SLC84－15。

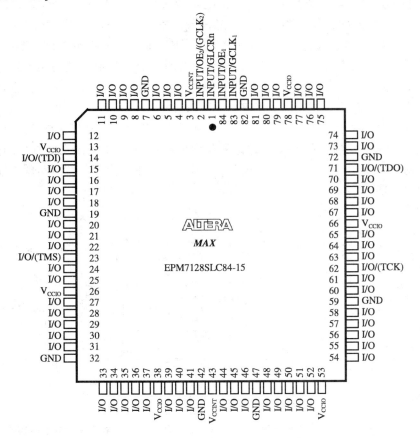

图 3.3－7　EPM7128S 84 脚 PLCC 封装的引脚图

3.4 现场可编程门阵列

3.4.1 现场可编程门阵列的基本原理

现场可编程门阵列（Field Programmable Gate Array，FPGA）是作为专用集成电路（ASIC）领域中的一种半定制电路而出现的，既解决了定制电路的不足，又克服了原有可编程器件门电路数量有限的缺点，并且具有更高的密度和更大的灵活性。目前FPGA已成为设计数字电路或系统的首选器件之一。

大部分 FPGA 采用基于静态随机存储器（SRAM）的查找表（Look Up Table，LUT）逻辑形成结构，是用 SRAM 来构成逻辑函数发生器的。一个 N 输入 LUT 可以实现 N 个输入变量的任何逻辑功能。图 3.4-1 是 4 输入的 LUT，其内部结构如图 3.4-2 所示。LUT 在本质上就是一个 RAM。当用户通过原理图或 HDL 描述了一个逻辑电路以后，PLD/FPGA 开发软件会自动计算逻辑电路的所有可能的结果，并把结果写入 RAM。这样，每输入一个信号进行逻辑运算就等于输入一个地址进行查表，找出地址对应的内容，然后输出即可。例如将一个 4 输入 LUT 设计为一个 4 输入与门的电路，根据与门具有"全 1 才出 1"的特性，在 LUT 存储器相应地址为全"1"的存储单元内存入一个"1"，而余下的 15 个地址所指向的存储单元内全都存入"0"。这时，只需将输入的 4 个变量作为 LUT 的地址线去查找存储器中的内容，就可实现 4 输入与门的全部逻辑功能。

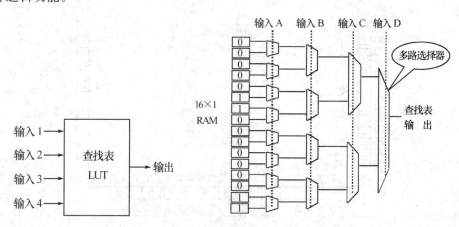

图 3.4-1　FPGA 查找表单元示意图　　图 3.4-2　FPGA 查找表单元内部结构图

Xilinx 公司的 XC 4000 系列、Spartan 系列，Altera 公司的 FLEX 8000 系列、ACEX 系列都采用 SRAM 查找表构成，是典型的 FPGA 器件。

下面以 Altera 公司的 FLEX 8000 系列为例，介绍 FPGA 的内部结构与功能。

3.4.2 FLEX 8000 系列器件的结构

灵活逻辑单元矩阵（Flexible Logic Element Matrix，FLEX）系列是 Altera 公司

生产的应用非常广泛的产品，包括 FLEX 8000 和 FLEX 10K 等。该系列采用 $0.8\mu m$ 或 $0.6\mu m$ CMOS SRAM 集成电路工艺制造，具有比较高的集成度及丰富的寄存器资源，采用了快速、可预测延时的连续分布式结构，是一种将 CPLD 和 FPGA 的优点集于一身的器件，具有较高的性价比，其应用前景十分广阔。FLEX 8000 系列器件包括：基本型 EPF 8000 类型和高速型 EPF 8000A 类型两大类。FLEX 8000 系列中的代表 EPF8282ALC84－4 芯片，是我们在后续实践中所用的芯片。FLEX 8000 芯片的典型参数如表 3.4－1 所示。

表 3.4－1　**FLEX 8000 系列器件典型参数**

典型参数	EPF8282A EPF8282AV	EPF8452A	EPF8636A	EPF8820A	EPF81188A	EPF81500A
典型门数	2500	4000	6000	8000	12000	16000
寄存器数	282	452	636	820	1188	1500
逻辑阵列块	26	42	63	84	126	162
逻辑单元	208	336	504	672	1008	1296
最大 I/O 数	78	120	136	152	184	208
JTAG BST 循环	＋	－	＋	＋	－	＋

FLEX 8000 系列的结构如图 3.4－3 所示，其体系结构分为三个层次：逻辑单元、逻辑阵列块、快速通道互连式结构。最小单元为逻辑单元（Logic Element，LE），每个 LE 包含提供组合逻辑能力的 4 输入查找表及提供时序逻辑能力的可编程寄存器，可有效地实现各种逻辑。每 8 个 LE 组成一组，产生一个逻辑阵列块（Logic Array Block，

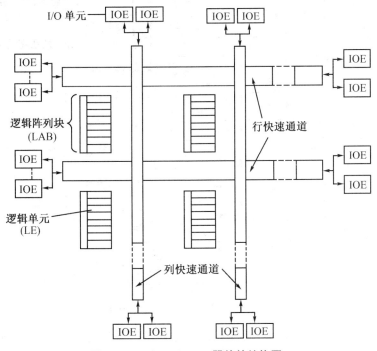

图 3.4－3　**FLEX 8000 器件的结构图**

LAB)。LAB 是具有共同输入、互连与控制信号的一个独立块，构成 FLEX 8000 的
"粗粒度"结构，它们在器件中按行和列排成一个矩阵，并通过贯穿整个器件长和宽的
快速通道（Fast Track）连线相互连接。在快速通道连线的两端分布着输入输出单元
（IOE）提供 I/O 引脚。每个 IOE 有一个双向 I/O 缓冲器和一个既可做输入寄存器也可
做输出寄存器的触发器。

1. 逻辑阵列块

FLEX 8000 器件的一个逻辑阵列块（LAB）由 8 个 LE 以及与 LE 相连的进位链和
级联链、LAB 控制信号和 LAB 局部互连线组成。LAB 构成 FLEX 8000 的主体"粗粒
度"结构，这种结构可以有效地布线，使器件利用率提高，且能达到高性能。图 3.4
－4 是 LAB 的结构方框图。

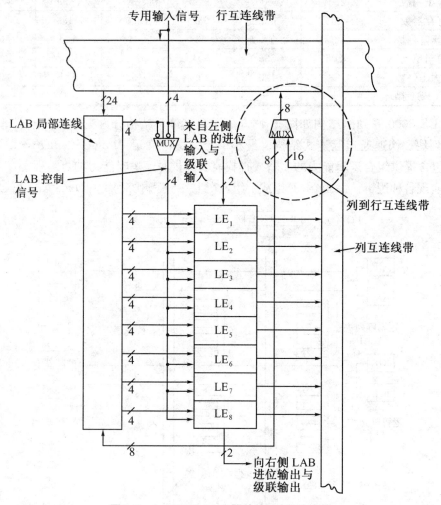

图 3.4－4　FLEX 8000 器件的 LAB 结构图

每个 LAB 共有 30 个输入，10 个输出。输入包括从左边 LAB 过来的进位线和级联
线、4 根全局信号线、24 根由行连线到 LAB 局部互连的信号线；输出是 2 根直接输出

到右边 LAB 的进位线和级联线、8 根输出到行或列连线的信号线（该 8 根线也可直接反馈回 LAB 的局部互连）。

每个 LAB 提供 4 根可供所有 8 个 LE 使用的控制信号，其中两个用作时钟信号，另外两个用作清除/置位控制。LAB 的控制信号可由专用输入引脚、I/O 引脚或借助 LAB 局部互联的任何内部信号所驱动，并具有可编程反相能力。

2. 快速通道互连式结构

FLEX 8000 器件的内部互连结构有两种：一种是局部互连，另一种是快速通道互连（Fast Track Interconnect）。局部互连完成一个 LAB 内各 LE 的连接，快速通道互连则实现不同 LAB 中 LE 之间及 LE 与 I/O 脚之间的连接。

快速通道互连由若干组在水平方向上贯穿整个芯片的行连线和在垂直方向上贯穿整个芯片的列连线组成。LAB 中的每个 LE 可按一定的规则驱动一根行连线、两根列连线（如图 3.4-5）。在两列 LAB 之间的一组列连线通常是 16 根，并为同一列上所有 LAB 分享。列通道与 4 个 IOE 相连，列通道上的信号可能是某个 LE 的输出或是来自 I/O 引脚的输入。列通道上的信号不能直接送入 LAB，须先将其转至行连线上才能进入 LAB。两行 LAB 间的一组行连线通常有较多根（如 EPF 8282A 为 168 根），并与 16 个 IOE 相连。行连线可完成同一行中 LAB 之间的信号传送，也可完成 IOE 与 LE 之间的信号传送。行连线上的信号不能直接送给列连线，但可通过 LE 输出到列连线上。FLEX 8000 器件的内连资源如图 3.4-6 所示。

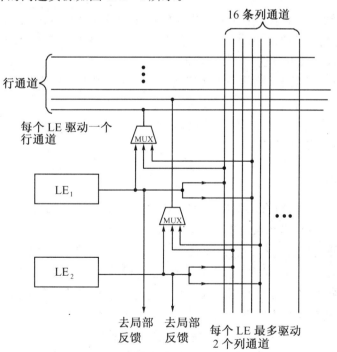

图 3.4-5 LAB 与行、列连线的连接示意图

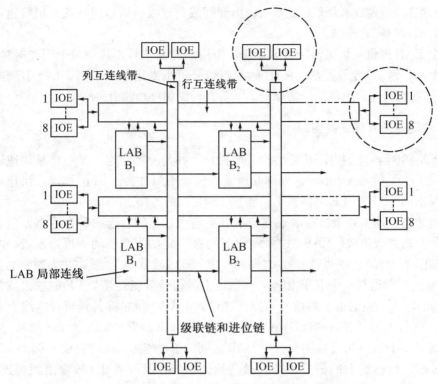

图 3.4-6　FLEX 8000 器件内连资源示意图

图 3.4-7 给出行内连通道与 IOE 之间的连接。每一来自 IOE 的输入信号可驱动 2 根独立的行内连线。若 IOE 用作输出，信号由 n 选 1 的选择器所驱动，n 的取值等于器件中 LAB 的列数（可能是 13、21 或 27）。

FLEX 8000 器件的走线结构与往常那种用开关距阵来连接大量走线通道的 FPGA 相比，有利于消除信号波形中的毛刺，提高速度。同时，由于 FLEX 8000 器件的结构决定了它的延时是均匀的，因而设计具有时序可预见性。也就是说，属于 FPGA 的 FLEX 8000 器件也兼具了 CPLD 的这一优势。

3. 逻辑单元

逻辑单元（LE）由组合和时序两部分组成，包括一个 4 输入查找表（LUT）、一个可编程触发器、进位链和级联链，如图 3.4-8 所示。

LUT 是一种函数发生器，能快速计算 4 输入变量的任意函数。LE 中的可编程触发器可设置成 D、T、JK 或 RS 触发器。该触发器的时钟（Clock）、清除（Clear）和置位（Preset）控制信号可由专用输入引脚、通用 I/O 引脚或任何内部逻辑驱动。对于纯组合逻辑，可旁路 LE 中的触发器，将 LUT 的输出直接连到 LE 的输出端。

FLEX 8000 的结构提供两条专用快速通路，即进位链和级联链，它们连接相邻的 LE，但不占用通用互连通路。进位链支持高速计数器和加法器。级联链可在最小延时的情况下实现多输入逻辑函数。Altera 公司的 MAX+plus Ⅱ 编译器在设计处理期间能够自动建立进位链和级联链，设计者在设计输入过程中也可以手工插入进位链或级联链。

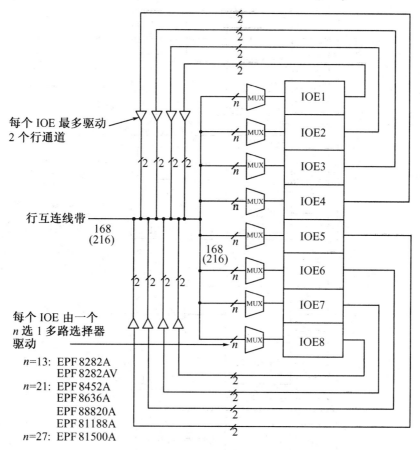

图 3.4－7　行内连通道与 IOE 的连接图

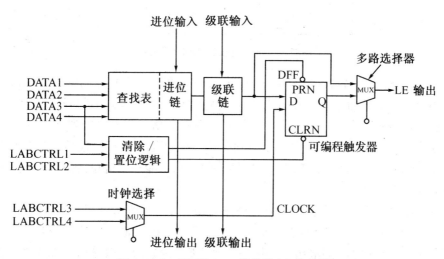

图 3.4－8　FLEX 8000 器件的 LE 结构图

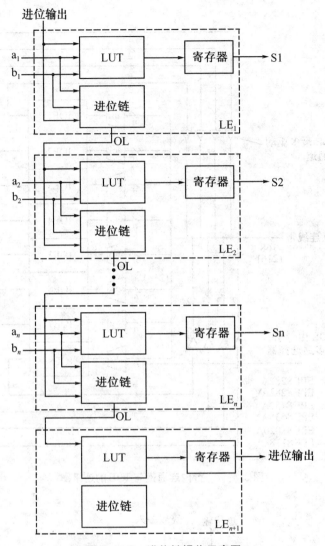

图 3.4-9 进位链操作示意图

图 3.4-9 显示出借助进位链用 $n+1$ 个 LE 来实现 n 位全加器的例子。LUT 的一部分产生两个输入信号和进位信号的"和",并将"和"送到 LE 的进位输出端 OL。对于简单的加法器,一般将寄存器旁路,但若要实现累加功能,则要用到寄存器。LUT 的另一部分产生进位输出信号,它直接送到高一位的进位输入端。最后的进位输出信号接到一个 LE,可以作为一个通用信号使用。除算术功能外,进位链逻辑还支持非常快的计数器和比较器。

利用级联链实现多输入逻辑函数的操作如图 3.4-10 所示。相邻的 LUT 用来并行地计算函数的各部分,级联链把中间结果串接起来。级联链可以使用逻辑"与"或逻辑"或"来连接相邻 LE 的输出。每增加一个 LE,函数的有效输入增加 4 个,其延时增加约 1ns。对于 FLEX 8000A-4 速度等级的器件,LUT 的延时约 1.8ns,级联链延时为 0.7ns,利用级联链形成 16 位地址译码只需 5ns。

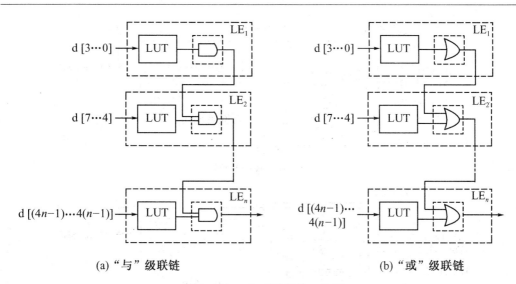

(a) "与" 级联链   (b) "或" 级联链

图 3.4—10 级联链操作示意图

FLEX 8000 逻辑单元有四种工作模式，如图 3.4—11 所示。常规（Normal）模式适合于通常的逻辑应用和各种译码功能，可以发挥级联链的优势；运算（Arithmetic）模式提供两个 3 输入 LUT，适合于实现加法器、累加器和比较器；加/减计数（Up/Down Counter）模式提供计数器使能，同步加减控制和数据加载选择；可清除计数器（Clearable Counter）模式类似于加/减计数方式，但它支持同步清除而不是加/减控制。不同的工作模式对 LE 资源的使用不尽相同，对具体应用，选择能够提供最好支持的工作模式可以改善设计的性能。专用开发软件 MAX＋plus Ⅱ 能够自动为每种应用选择适当的 LE 工作模式。

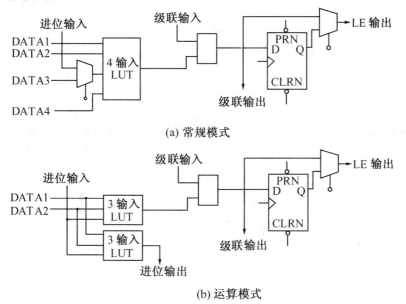

(a) 常规模式

(b) 运算模式

图 3.4—11 FLEX 8000 器件的 LE 的工作模式

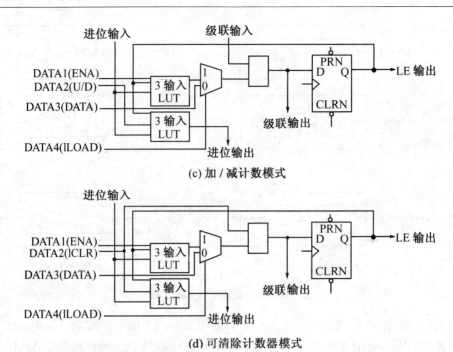

(c) 加 / 减计数模式

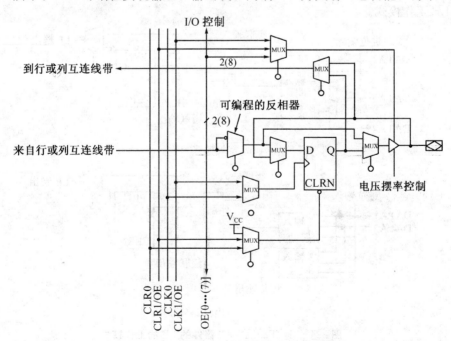

(d) 可清除计数器模式

续图 3.4－11　FLEX 8000 器件的 LE 的工作模式

4. 输入输出单元

FLEX 8000 器件的输入输出单元（IOE）均位于行或列连线的终点，其结构如图 3.4－12 所示。IOE 可编程实现输入、输出或双向端口，并具有三态功能。每个 IOE 都

图 3.4－12　FLEX 8000 器件的 IOE 结构图

有一个寄存器，可以用于实现高速的输入输出寄存功能。利用可编程的反向器，在需要时可以自动将来自行连线或列连线的信号反相。

每个 IOE 中输出缓冲器输出信号的摆率可调，可被配置成低噪声或高速模式。较低的摆率能减少系统噪声，同时增加最大值约 4ns 的延时。快速摆率常用于系统中速度起关键作用的输出，同时要适当地抵制噪声。设计者在设计输入时可以为每个引脚指定适当的电压摆率，也可把所有引脚都指定为缺省的电压摆率。

IOE 的时钟、清除和输出使能的控制由 I/O 控制信号网络来提供。这些信号可能来自专用输入引脚或内部逻辑，经缓冲后送到高速驱动器，由调整驱动器驱动器件周边的控制信号网。FLEX 8000 器件有 4 个专用输入引脚，其输入信号遍布整个器件且偏移很小，可用作对器件内所有 LAB 和 IOE 进行控制的全局信号，也可作为数个网点的通用数据输入，它们可以馈送到器件中每个 LAB 的局部互连。

FLEX 8000 系列器件采用 SRAM 编程技术，其内部逻辑功能和连线由芯片内 SRAM 所存储的构造代码决定，系统加电时，通过存储在芯片外部的串行 E^2PROM 中或由系统控制器提供的数据对 FLEX 8000 器件进行编程。配置数据可以存储在工业标准的 32kbit×8bit 或更大的 E^2PROM 中，也可以从系统的 RAM 装载到 FLEX 8000 器件中。配置完成以后，还可通过复位进行在线重新配置，装入新数据，实现新的功能。由于重新配置所需时间少于 100ms，在系统工作过程中可以实现实时改变配置的功能。

使用 Altera 公司的 MAX+plusⅡ和其升级版开发软件，可以通过图形、文本（包括硬件描述语言 AHDL、Verilong HDL 和 VHDL）与波形等设计输入方式的任意组合建立 FLEX 8000 器件的逻辑设计。设计校验包括完整的模拟、最坏情况下的定时分析和功能测试。还为附加的设计输入提供 EDIF（电子设计转换格式）网表接口，并借助工业标准的 CAE 工具提供仿真支持。此外，MAX+plusⅡ还能输出 Verilong HDL 和 VHDL 网表文件。

在本书的实验部分，将利用 MAX+plusⅡ软件对 FLEX 8000 系列器件的代表芯片之一 EPF8282ALC84-4 进行设计、开发和仿真训练。

5. 数据配置与下载

Altera 公司的 FPGA 器件（主要是 FLEX 8000、FLEX 10K、ACEX 1K 和 APEX 20K 等）分为两类配置方式：主动配置方式和被动配置方式。主动配置方式由 FPGA 器件主动引导配置操作过程，它控制着外部存储器和初始化过程；而被动配置方式则由外部计算机或控制器控制着配置过程。根据传送数据的方式，FLEX 8000 又可分为以下 4 种配置方式，如表 3.4-2 所示。

表 3.4-2　FLEX 8000 器件的配置方式

方式	典型应用	方式	典型应用
主动串行（AS）	利用 EPC 器件配置	被动并行同步（PPS）	并行同步 CPU 接口
被动串行（PS）	串行同步 CPU 接口	被动并行异步（PPA）	并行异步 CPU 接口

在 FPGA 器件正常工作时，它的配置数据存储在 SRAM 中，其内部逻辑功能和连线由芯片内 SRAM 所存储的数据决定。由于 SRAM 的易失性，每次系统加电时，配置数据都必须重新构造。在实验系统中，常用计算机或控制器进行调试，因此可以使用被动配置方式。而在实际应用系统中多数情况下必须由 FPGA 器件主动引导配置操作过程，这时 FPGA 器件将主动从外围存储芯片中获得配置数据。

Altera 公司提供的供 FLEX 8000 等 FPGA 器件配置用的 PROM 包括 EPC1441、EPC1 和 EPC2 等，它们借助串行数据流配置器件。配置数据也可以通过 Altera 公司的 ByteBlaster 并行下载电缆直接下载到器件中。配置完成以后，还可通过复位进行在线重新配置，装入新数据，实现新功能。

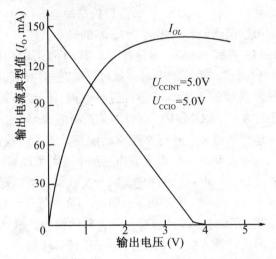

图 3.4-13　EPF8282ALC84-4 **器件的输出驱动特性图**

图 3.4-14　EPF8282ALC84-4 **芯片的引脚分布图**

6. EPF8282ALC84－4 器件引脚及主要电气参数

EPF8282ALC84－4 是 Altera 公司生产的 ELEX 8000 系列 FPGA 器件，该器件的典型门数为 2500 门。图 3.4－13 和表 3.4－3 分别是该器件的输出驱动特性和主要电气参数。该器件有 PLCC、TQFP、PQFP 三种封装形式，图 3.4－14 是其 84 脚 PLCC 封装的引脚分布图。各引脚功能详见表 4.4－1。

表 3.4－3　EPF8282ALC84－4 的主要电气参数

符 号	参数	测试条件	最小值	最大值	单位
U_{CCINT}	内部电路和输入缓冲器的电源电压		4.75	5.25	V
U_{CCIO}	I/O 输出驱动的电源电压，5V		4.75	5.25	V
	I/O 输出驱动的电源电压，3.3V		3.00	3.60	V
U_I	输入电压		0	$U_{CCINT}+0.5$	V
U_O	输出电压		0	U_{ctint}	V
t_R	上升时间			40	ns
t_F	下降时间			40	ns
I_I	专用输入引脚的漏电流	U_I 接电源或地	−10	10	μA
I_{OZ}	I/O 引脚为三态时的漏电流	U_I 接电源或地	−40	40	μA
C_{IN}	专用输入引脚电容	$U_{IN}=0$，$f=1.0MHz$		10	pF
C_{INCLK}	专用时钟引脚的输入电容	$U_{IN}=0$，$f=1.0MHz$		12	pF
U_{OUT}	输出电容	$U_{OUT}=0$，$f=1.0MHz$		8	pF

第四章　Altera 公司可编程逻辑器件 的开发与实践

4.1　Altera 公司的 FPGA 和 CPLD 系列 与专用开发软件包

Altera 公司是全球著名的 PLD 生产厂商。Altera 公司的产品按照推出的先后顺序依次为 Classic 系列、MAX（Multiple Array Matrix）系列、FLEX（Flexible Logic Element Matrix）系列、APEX（Advanced Logic Element Matrix）系列、ACEX 系列以及 Stratix 系列等。这些器件的内部连线均采用连续式互连线结构，即利用同样长度的一些金属线实现逻辑单元之间的连接。这种结构的优点是其延时可预测。如果单从互连线结构看，这样的器件属于 CPLD。但 Altera 公司的 FLEX、APEX、ACEX 等器件同时也具有 FPGA 所具有的一些典型特点，如精细分割的结构和大量的寄存器等，因此在这里把它们归于 FPGA。

4.1.1　Altera 公司的 PLD 系列

Altera 公司的 PLD 系列如图 4.1−1 所示。

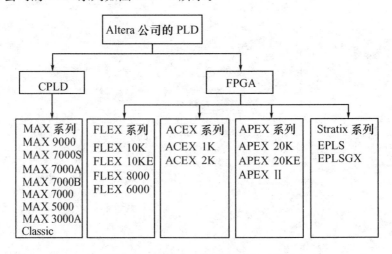

图 4.1−1　Altera 公司的 PLD 系列

1. MAX 系列 CPLD

MAX 系列包括 MAX 9000、MAX 7000A、MAX 7000B、MAX 7000S、MAX 7000、MAX 5000、MAX 3000A 和 Classic 等器件。这些器件的基本结构单元是乘积项，在工艺上采用 E^2PROM 和 EPROM，器件的编程数据可以永久保存，直到把它擦除为止。MAX 系列的集成度在数百门到 2 万门之间。所有 MAX 9000 和 MAX 7000 系列的器件都具有 ISP 在系统编程的功能，支持 JTAG 边界扫描测试。

2. FLEX 系列 FPGA

FLEX 系列包括 FLEX 10K、FLEX 10KE、FLEX 8000 和 FLEX 6000 等器件。这些器件基于查找表结构，采用连续式互连线和 SRAM 工艺，可用门数为 1 万至 25 万。FLEX 10K 由于具有灵活的逻辑结构和嵌入式存储器块，能够实现各种复杂的逻辑功能，是应用广泛的一个系列。

3. ACEX 系列 FPGA

ACEX 是 Altera 公司专门为通信（如 ADSL 调制解调器、路由器等）、音频处理及其他一些场合的应用而推出的芯片系列。ACEX 系列器件的工作电压为 2.5V 和 1.8V，芯片的功耗较低，集成度在 3 万门到几十万门之间，基于查找表结构。在工艺上，采用先进的 $1.8V/0.18\mu m$、6 层金属连线的 SRAM 工艺制成，封装形式则包括 BGA、QFP 等。

4. APEX 系列 FPGA

APEX 系列是所有系列中集成度最高的。它是采用多核（MultiCore）结构，着眼于系统级的设计而推出的一种芯片。APEX 系列器件包括 APEX 20K 和 APEX 20KE 两个系列，器件的典型门数为 3 万至 150 万，并采用先进的制作工艺。其制作工艺如表 4.1－1 所示。

表 4.1－1　APEX 采用的工艺

器件	最小线宽/m	工作电压/V	金属连线层数/层
APEX 20K	0.22	2.5	6
APEX 20KE	0.18/0.15	1.8	6/7

2001 年，Altera 公司又推出了最新的 APEX Ⅱ 系列器件，该器件采用先进的 $0.15\mu m$ 全铜互连线工艺制造，与传统的采用铝互连线工艺的器件相比，其总体性能可提高 30%～40%。另外，该系列器件不仅继承了非常成功的 APEX 架构，而且其 I/O 功能也有了大的提高，可用于高速数据通信等，能够真正地实现在一个芯片上完成一个系统的功能。

5. Stratix 系列 FPGA

Stratix 系列是 Altera 公司于 2002 年 2 月正式宣布推出的新一代可编程逻辑器件。

该系列采用 1.5V 内核、0.13μm 全铜互连线工艺。芯片由 Quartus Ⅱ 2.0 版本软件支持。其主要特点是：

（1）内嵌三级存储单元，可配置为移位寄存器的 512bit 小容量 RAM；4kbit 容量的标准 RAM（M4K）；512kbit 的大容量 RAM（Mega RAM），并自带奇偶校验。

（2）内嵌乘加结构的 DSP 块（包括硬件乘法器/硬件累加器和流水线结构）适于高速数字信号处理和各类算法的实现。

（3）全新的布线结构，分为三种长度的行列布线，在保证延时可预测的同时，提高资源利用率和系统速度。增强时钟管理和锁相环能力，最多可有 40 个独立的系统时钟管理区和 12 组锁相环 PLL，实现 K×M/N 的任意倍频/分频，且参数可动态配置。

（4）增加片内终端匹配电阻，提高信号完整性，简化 PCB 布线。

（5）增强远程升级能力，增加配置错误纠正电路，提高系统可靠性，方便远程维护升级。

6. Altera 公司的宏功能模块及 IP 核

随着百万门级 FPGA 的推出，单片系统成为可能。Altera 公司提出的概念为 SOPC（System On a Programmable Chip），即可编程芯片系统，将一个完整的系统集成在一个可编程逻辑器件内。为了支持 SOPC 的实现，方便用户的开发与应用，Altera 公司还提供了众多性能优良的宏功能模块、IP（知识产权）核以及系统集成等完整的解决方案。这些宏功能模块、IP 核都经过了严格的测试，使用这些模块将大大减少设计的风险，缩短开发周期，并且可使用户将更多的精力和时间放在改善和提高设计系统的性能上，而不是重复开发已有的模块。

Altera 公司通过以下两种方式开发 IP 模块：

（1）AMPP（Altera Megafunction Partners Program），是 Altera 公司宏功能模块和 IP 核的开发伙伴组织，通过这个组织，提供基于 Altera 公司器件的优化宏功能模块和 IP 核。

（2）MegaCore，又称为兆功能模块，是 Altera 公司自行开发完成的。兆功能模块拥有高度的灵活性和一些固定功能的器件达不到的性能。

Altera 公司的 MAX+plus Ⅱ 和 Quartus Ⅱ 平台提供对各种宏功能模块进行评估的功能，允许用户在购买某个宏功能模块之前对该模块进行编译和仿真，以测试其性能。

Altera 公司能够提供以下宏功能模块：

（1）数字信号处理类，即 DSP 基本运算模块，包括快速加法器、快速乘法器、FIR 滤波器和 FFT 等，这些参数化的模块均针对 Altera 公司生产的 APEX 和 FLEX 器件的结构做了充分的优化。

（2）图像处理类，是为数字视频处理所提供的模块，包括旋转、压缩和过滤等应用模块，均针对 Altera 公司生产的器件内置存储器的结构进行了优化，如离散余弦变换和 MPEG 压缩等。

（3）通信类，包括信道编解码模块、Viterbi 编解码模块和 Turbo 编解码模块等，还能够提供无线通讯中的应用模块，如快速傅里叶变换和数字调制解调器等。在网络通信方面也提供了诸多选择，从交换机到路由器，从桥接器到终端适配器，均提供了一些应用模块。

（4）接口类，包括 PCI、USB、CAN 等总线接口，SDRAM 控制器、IEEE 1394 等标准接口。其中，PCI 总线包括 64 位/66MHz 的 PCI 总线和 32 位/33MHz 的 PCI 总线等几种方案。

（5）处理器及外围功能模块，包括嵌入式微处理器、微控制器、CPU 核、UART 和中断控制器，还有计数器、编码器、加法器、锁存器、寄存器和各类 FIFO 等。

4.1.2 Altera 公司的专用开发软件包——MAX+plusⅡ 与 QuartusⅡ

对大部分学过数字电路设计的人而言，他们的学习过程大都从基本的组合逻辑开始，再由顺序逻辑、简单的模块设计至复杂完整的系统设计。传统的实验方式，每做一个实验就必须重组一个硬件线路，特别是复杂的线路，相当耗费时间且不易进行，因此也就常省略跳过，导致学习者缺乏设计架构稍大且完整电路的经验。Altera 公司开发的专用开发软件包 MAX+plusⅡ 以及它的升级版 QuartusⅡ，是一套整合式数字电路设计环境，其以个人计算机（PC）为平台，配合电子设计自动化（Electronic Design Automatic，EDA）软件的执行，达到从电路设计输入、仿真、下载验证、修改、烧录一气呵成，自动化设计流程如图 4.1−2，不仅让学习变得有效率，而且也让自行设计开发逻辑芯片的梦想得以实现。

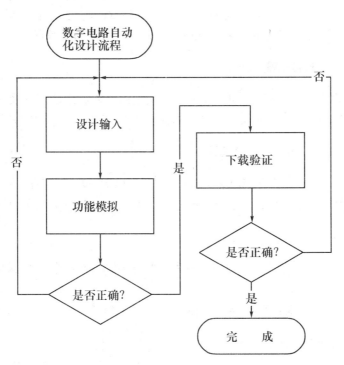

图 4.1−2 数字电路自动化设计流程

在书末附录一中有供读者利用 MAX＋plusⅡ软件对 Altera 公司的 PLD 芯片进行设计开发的任务书。读者可依循下述的基于 MAX＋plusⅡ软件的操作流程来完成其中的任务，以对利用 PLD 来实现数字逻辑系统的各项功能进行设计、开发的入门训练。

4.1.3　基于 MAX＋plusⅡ软件环境的电路设计过程索引

基于 MAX＋plusⅡBaseline 软件环境，开发电子系统工程项目的流程索引如下：

1. 建立新项目

利用 File \ Project \ Name 为新项目命名。

2. 编辑逻辑电路

使用绘图法或 HDL、VHDL、AHDL 等任一种逻辑电路描述法，在 Graphical Editor 或 Text Editor 中设计、编辑逻辑电路。

3. 储存、检查及编译

（1）编辑完成后，在 Assign 中的 Device 上完成 CPLD/FPGA 芯片的型号设定。

（2）在 Assign 中的 Global Project Device Option 项上完成 Configuration Scheme 传输模式设定。

（3）在 Assign 中的 Global Project Logic Synthesis 项上完成其 Style 设定。

（4）选 File \ Project \ Save & Compile 实现电路图存档及编译。

4. 功能模拟（软件仿真）

（1）在 MAX＋plusⅡ\ Waveform Editor 实现做输入波形的定义及储存。

（2）开启模拟器（Simulator）模拟出电路的动作情形。

5. 引脚配置（Floorplan）与编译

（1）在 MAX＋plusⅡ\ Floorplan Editor 中实现 CPLD/FPGA 的 IC 引脚设定。

（2）引脚设定完后，选 File \ Project \ Save & Compile 做存档及编译。

6. 芯片烧录（Programming）

（1）编译完成后，执行 Dnld 82 程序，将逻辑电路程序"烧录"到下载板的 E^2 PROM 中。

（2）在开发系统中对项目程序予以模拟。

7. 电路测试（硬件仿真）

点击 Dnld 82 程序中的 Config 按钮，重置并执行芯片中的电路，并测试电路功能。
注一：打开已编辑过的旧项目时，不可直接双击其文件图标，必须按注三的步骤依序进入项目文件的环境中再打开旧项目文件，否则某些操作可能无效。

注二：建议首先在 C 盘外的磁盘空间上建立一个属于自己的文件夹，每次开始设计一个新项目之前，均在该文件夹中再建立一个新项目的子文件夹，以用来存放新项目建立后所生成的项目文件群。再建议采用自带 U 盘，将自己的文件夹拷贝保存，以免被病毒破坏或被别人误删。

注三：打开旧的原理图文件的方法：

(1) 指定工作方式：管理器 \ File \ New \ 勾选 Gra…… ∗.gdf→OK。

(2) 打开旧文档：管理器 \ File \ open \ 输入 ∗.gdf 的路径，即可打开。

注四：正文中特殊符号说明："↙"代表回车键或单击鼠标左键；"\"代表下一步或下级路径。

注五：该软件不支持中文路径与中文文件名的名称。

注六：图中注释前的序号就表示步骤顺序号（下同），一定要严格按照顺序进行，并通过预习尽快熟练掌握电路设计的步骤和技能。

下面的内容就是如何在 MAX+plus Ⅱ 或 Quartus Ⅱ 软件平台下设计数字电路及开发大型数字电路系统的操作手册。

4.2 建立设计项目

在进入设计软件 MAX+plus Ⅱ 之前，需要先建立一个文件夹以供用户存放设计文件群，即用户库。若有多个设计任务，则应在文件夹中建立多个子文件夹。文件夹和子文件夹的名称用英文或数字表示，一般不超出 8 个字符。还要注意从用户库到根目录的路径上，不能出现中文。由于实验室的计算机一般都对 C 盘进行了还原保护，故用户库不要建在 C 盘上。例如在 E 盘上建立名为："0613012"的文件夹和名为"jian-pan"的子文件夹，即 E：\0613012\jianpan。

4.2.1 启动 MAX+plus Ⅱ 软件环境（管理器窗口）

启动方法：在桌面上双击 MAX+plus Ⅱ 的图标（如图 4.2—1），管理器窗口随之打开（如图 4.2—2）。

图 4.2—1 MAX+plus Ⅱ 快捷图标

当前项目的路径与名称

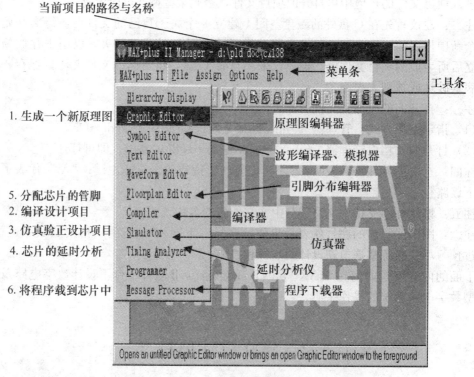

图 4.2-2　MAX+plusⅡ管理器窗口及其主菜单

4.2.2　指定设计项目名称

新建原理图文件的方法见图 4.2-3。

1. 管理器 \File\Project\name✔

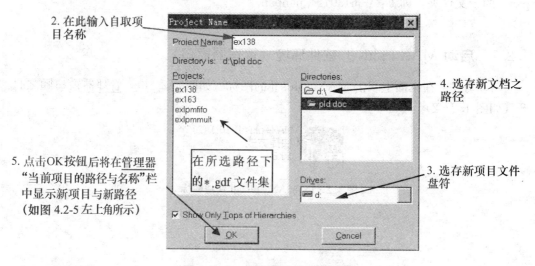

图 4.2-3　指定项目名称对话框

4.2.3　指定图形文件的后缀名

指定图形文件的后缀名见图 4.2—4。

1.管理器\File\New↙

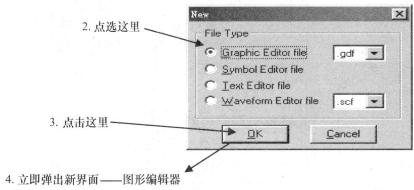

2.点选这里

3.点击这里

4.立即弹出新界面——图形编辑器

图 4.2—4　File/New 对话框

4.2.4　打开图形编辑器

图形编辑器（图 4.2—5）打开以后，左侧出现绘图工具的快捷按钮，上方的菜单

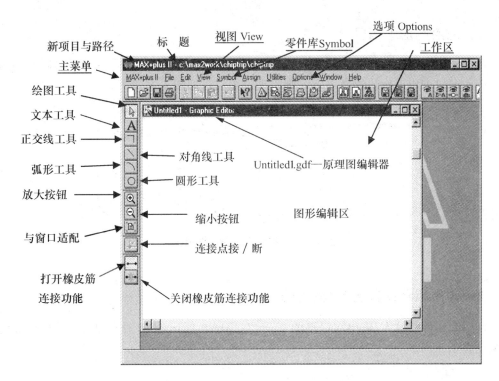

新项目与路径　　标　题　　视图 View　　零件库Symbol　　选项 Options　　工作区

主菜单

绘图工具

文本工具

正交线工具　　　　　对角线工具

弧形工具　　　　　　圆形工具　　　　　Untitled1.gdf—原理图编辑器

放大按钮

缩小按钮　　　　　图形编辑区

与窗口适配

连接点接 / 断

打开橡皮筋
连接功能　　　　关闭橡皮筋连接功能

图 4.2—5　图形编辑器窗口（图形页面）

条和工具栏都有很大的变化，特别是在窗口的主要部分出现了一张供设计输入用的类似绘图纸的空白区。

注：此时可预选图形编辑区图纸的尺寸，从 File \ Size ↙进入选择窗口，一般选小些，以后可逐渐加大，见图 4.2−6。

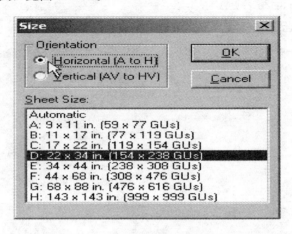

图 4.2−6　编辑区图纸设置窗口

4.3　绘制原理图文件

4.3.1　激活图形编辑区

在图 4.2−5 中，出现一标题为"Untitled−Graphic Editor"（图形编辑区）的窗口，在此窗口中用鼠标快速点一下，则出现一黑点，如图 4.3−1 所示。

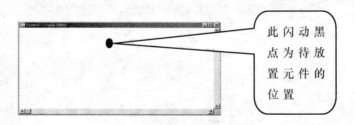

此闪动黑点为待放置元件的位置

图 4.3−1　被激活的图形编辑区

4.3.2　调用库元件和输入/输出端口

调用库元件和输入/输出端口见图 4.3−2。MAX+plusⅡ的图元和宏功能模块库的情况见表 4.3−1。

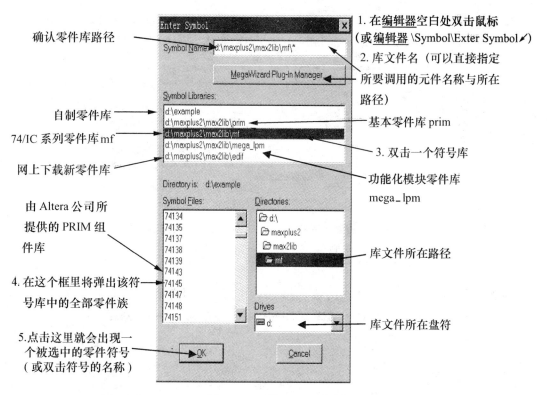

确认零件库路径

1. 在编辑器空白处双击鼠标
（或编辑器 \Symbol\Exter Symbol↙）

2. 库文件名（可以直接指定
所要调用的元件名称与所在
路径）

基本零件库 prim

3. 双击一个符号库

功能化模块零件库
mega_lpm

自制零件库

74/IC 系列零件库 mf

网上下载新零件库

由 Altera 公司所
提供的 PRIM 组
件库

4. 在这个框里将弹出该符
号库中的全部零件族

库文件所在路径

5. 点击这里就会出现一
个被选中的零件符号
（或双击符号的名称）

库文件所在盘符

图 4.3-2　输入图元对话框

表 4.3-1　MAX+plusⅡ的图元和宏模块库

库名字	内　　容	使用情况
prim	Altera 图元（基本的逻辑电路）电源、地线、I/O 口等	最常用
mf	74 系列逻辑等效宏库（如 74138、7490 等）	次常用
mega_lpm	参数化模块库，包括参数化模块、宏功能模块（如 busmux、csdram 等）和 IP 核功能模块 Megacores（如 FFT、FIR 等）	不常用
edif	edif 接口库	不常用

　　再至"Symbol Files"中选"not"，之后在图 4.3-1 黑点处便出现一个 NOT 门，如图 4.3-3 所示。

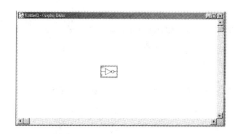

图 4.3-3　输入完成一个 NOT 门

　　仿照图 4.3-1 的步骤，在此 NOT 门左侧点一黑点，同样在"Enter Symbol"对话窗口中选择一个"input"组件，接着按下"画直角线工具"（Window 左侧工具列的第三个），再用鼠标画线来连接 NOT 门和 input 组件，此时画面如图 4.3-4 所示。

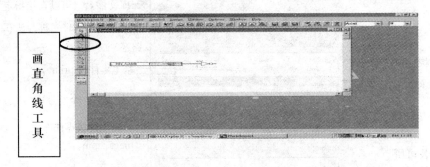

图 4.3-4　**再输入完成一个 input 组件，并完成接线**
注：画细线，用常规方法；删除连线，用常规方法；
画粗线，编辑器 \ Options \ Line Style \ 选择粗线条模式

在 NOT 门右侧加入一个"output"端口，并连接至输出端，如图 4.3-5 所示。

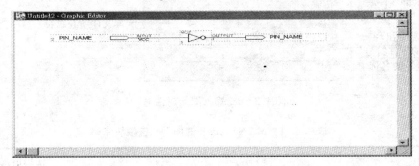

图 4.3-5　**再输入完成一个 output 组件**

4.3.3　为输入/输出端口命名

按住鼠标左键，并向右拖动，激活"PIN_NAME"文字，或在引脚处点右键 \ Edit pin Name 将引脚名激活（变成黑底字），然后在右上角用［A］钮选择字型和字号，再从键盘输入引脚名称，如分别键入"NOT_IN"或"NOT_OUT"名称，如图 4.3-6。

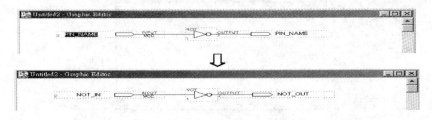

图 4.3-6　**为端口命名**

（1）引脚命名：在引脚（PIN _ NAME）处双击［左］，在菜单中输入指定端口名称。

（2）若所命名引线（引脚）名相同，表示电气相联结。

（3）一个完整原理图各文字部分意义说明，见图 4.3－7。

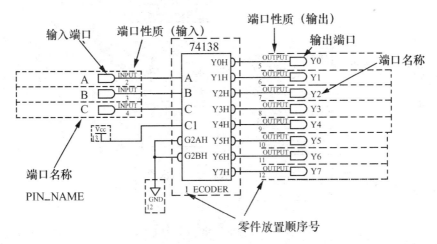

图 4.3－7　74138 电路原理图文字部分的意义示例

（4）依上述方法完成电路图的设计输入，对于图上已出现的组件，如 input、output 等，可以使用"选取—复制—粘贴"的方式完成多个图元的重复输入。至此我们已完成该项目的输入设计部分了。

注：一次放置多个相同零件符号的方法：

①在符号上点击鼠标右键 \ COPY（拷贝）。

②在欲放置符号处点击鼠标右键 \ PASTE（粘贴）。

③若想调出一个器件（如 74138）的内部电路结构图或 VHDL 文件进行分析和研究，可用鼠标双击 74138 的逻辑符号。

④若选中 74138 状态，再到工具栏按一下"?"按钮，即可调出 74138 的真值表等属性文件以供参考和分析。

4.3.4　保存文件

选编辑器 \ File \ Project \ Save & Compile（或按快捷键 Ctrl＋L），将档案储存、检查及编译，此时会出现如图 4.3－8 之画面，提示将目前的电路图文档命名为 primit.gdf，若不需更名，则按下"OK"键。

提示：如果不下载项目文件到芯片，只进行软件仿真者，可跳过第 4.4 节的步骤，转入 4.5 节所述步骤，开始进行功能仿真或延时仿真来验证项目的正确性。

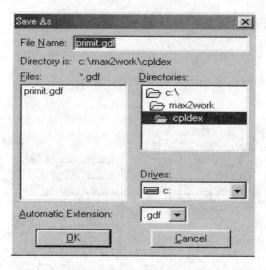

图 4.3－8　保存文件对话框

4.4　编译设计项目

首先打开编译器窗口，在 MAX＋plusⅡ菜单内选择 Compiler 项，则出现编译器窗口，但不要点击 Start 按钮而应先进行下述各项之编译器的选项设置。

4.4.1　选项 1：为设计项目选择器件

如图 4.4－1，选择一个器件作为仿真硬件。若需下载到器件中进行仿真，则应根据已有的可编程器件来选（这里实习所用的硬件为高级型 FPGA 中的 FLEX 系列 FLEX 8000 型 EPF8282ALC84－4 芯片）。该芯片共有 84 个引脚，各引脚的功能见表 4.4－1。

1. 打开 Device 窗口：编译器 \Assign\Device√　一定要选 FLEX8000

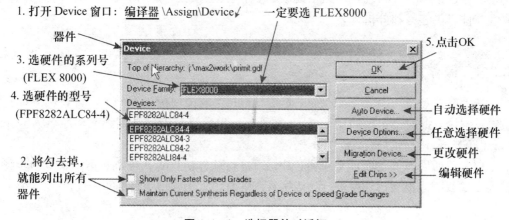

器件

3. 选硬件的系列号
（FLEX 8000）

4. 选硬件的型号
（FPF8282ALC84-4）

2. 将勾去掉，
就能列出所有
器件

5.点击OK

自动选择硬件

任意选择硬件

更改硬件

编辑硬件

图 4.4－1　选择器件对话框

表 4.4－1　EPF8282ALC84－4 芯片引脚功能表

引脚	功能	引脚	功能	引脚	功能	引脚	功能
1	I/O	22	I/O	43	I/O	64	I/OAdd8
2	I/O	23	I/O	44	I/O	65	I/OAdd7
3	I/ODATA7	24	I/O	45	I/O	66	I/OAdd6
4	I/ODATA6	25	I/O	46	I/O	67	I/OAdd5
5	GND	26	GND	47	GND	68	GND
6	I/ODATA5	27	I/O, TD0	48	I/O, nRS	69	I/OAdd4
7	I/ODATA4	28	I/O, CS	49	I/O, RDclk	70	I/OAdd3
8	I/ODATA3	29	I/O, NCS	50	I/O, clkusr	71	I/OAdd2
9	I/ODATA2	30	I/O, NWS	51	I/OAdd17	72	I/O, LCK
10	Dclk	31	IN	52	TRST	73	IN
11	Conf _ Done	32	nSTATUS	53	MSEL1	74	MSEL0
12	IN	33	nCONIG	54	IN	75	nsp
13	I/ODATA1	34	I/O	55	I/O, TD1	76	I/OAdd1
14	I/ODATA0	35	I/O	56	I/OAdd15	77	I/O, RDyn
15	I/O	36	I/OAdd16	57	I/OAdd14	78	I/OAdd0
16	I/O	37	I/O	58	I/OAdd13	79	I/O, sdout
17	Vocint	38	Vcc	59	Vcc	80	Vcc
18	I/O	39	I/O	60	I/OAdd12	81	I/O
19	I/O	40	I/O	61	I/OAdd11	82	I/O
20	I/O, TMS	41	I/O	62	I/OAdd10	83	I/O
21	I/O	42	I/O	63	I/OAdd9	84	I/O

注意：芯片上有一些特定功能的引脚，进行引脚分配时一定要注意不能使用它们，如 Vcc 和 GND 等非 I/O 类引脚。

4.4.2　选项 2：设定电路结构资料加载的 SRAM 模式

选项 2 操作步骤见图 4.4－2。

1. 选 编译器 \Assign\Global Project Device Options ✓

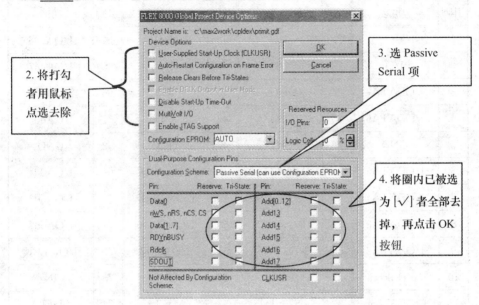

图 4.4－2　设定芯片的资料加载模式及是否启用保留引脚

注：若编译器 \ Assign \ Global Project Device Options 不能被激活，则先执行编译器 \ File \ Project \ set Project to Current File ✓，将打开的图形文件设为默认的编译文件。

4.3.3　选项 3：设定整个 FPGA 组件组合电路的性能

选项 3 操作步骤见图 4.4－3。

1. 选 编译器 \Assign\Global Project Logic Synthesis ✓

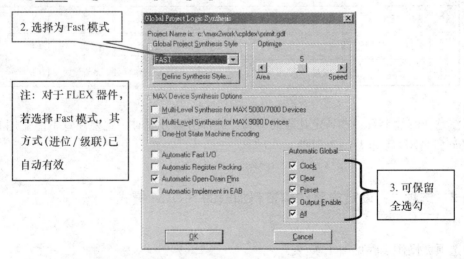

图 4.4－3　FPGA 连线特性设定选项对话框

4.4.4 设定器件的引脚分配

设定器件的引脚分配见图 4.4－4。器件的引脚分配还可以采用拖拽法（见图 4.4－5）。

1. 确认已经选择了一个硬件作为编译下载的对象，如已选中 EPF8282ALC84-4 芯片
2. 编译器 \Assign\Pin Location chip……

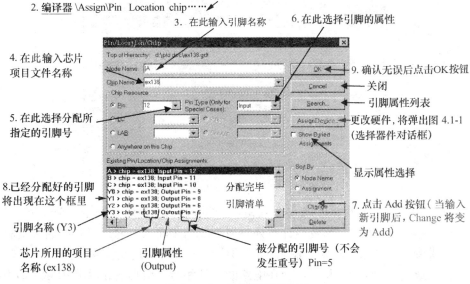

图 4.4－4 器件的引脚分配

1. 选编译器 \MAX+Plus Ⅱ \Floorplan Editor

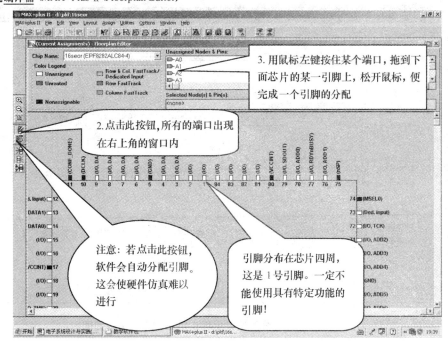

图 4.4－5 拖拽法分配引脚对话框

4.4.5　存盘与生成引脚定义文档

方法：选 File \ Project \ Save & Check，如图 4.4-6 所示。先做存盘及绘图结构检测。

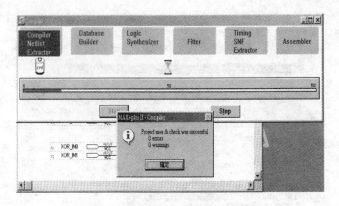

图 4.4-6　Save & Check 对话框

若有错误出现，则可能为线路图画错，需重新检查修改，再执行 Save & Check。执行 Save & Check 的另一目的是让编译器得到线路中输入、输出引脚的名称资料，以便进行引脚的指定；指定输入、输出引脚的位置，必须使其与实验板上输入、输出组件一致。完成 Save & Check 后，会在电路图上的相对应引脚上标示出 FPGA 的引脚序号，如图 4.4-7 所示。到此，已经完成所建立工程项目中的逻辑电路设计。

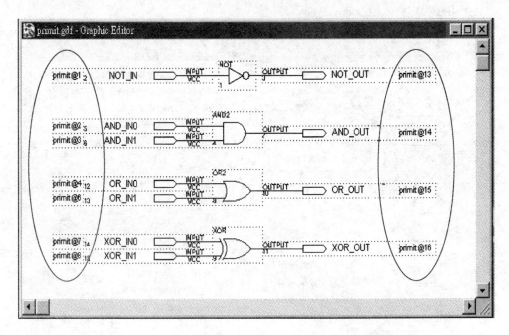

图 4.4-7　引脚分配结果出现在电路图上（图中圆圈内）

4.4.6　指定编译报告文件中需要报告的内容

如图 4.4-8 所示，报告文件：＊.rpt 报告了所选芯片硬件中内部资源的耗用情况，在对话框里指定报告中应包含的内容。

1. 编译器\MAX+plusII\Compiler↙
编译器Processing\Report File Se……↙

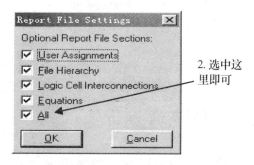

图 4.4-8　**报告文件内容选项**

4.4.7　开始编译

如图 4.4-9 所示，点击 start 按钮，就会一次性批处理完成 7 个模块盒的功能，并生成相应的项目文件。

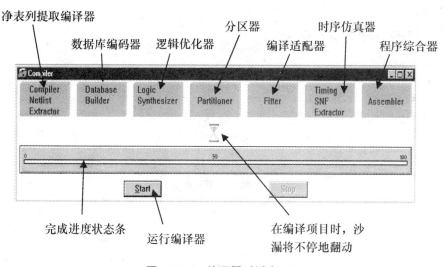

图 4.4-9　**编译器对话窗口**

如果项目中存在错误，就会出现 errors（错误）或 warnings（警告）提示报告。使用者可双击出现的报告语句，软件就会跳转到设计的项目中去，用红色框标记出错的地方，供使用者进行调试、修改。

注：（1）假如对该设计项目很有把握而毋须进行软件仿真的话，接下来便可跳到第 4.6 节，将此电路烧录到实际的芯片中，即对于只进行硬件仿真、下载者，就可不做下述 4.5 节的步骤。

（2）若将 Processing \ Functional SNF Extractor 前面的√打上，编译时只进行 3 个模块的编译工作，如图 4.4－10 所示。

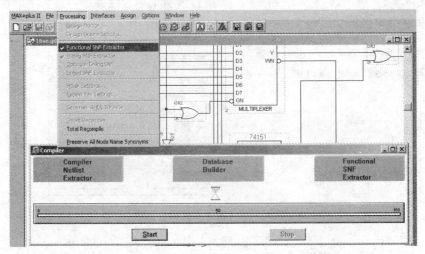

图 4.4－10　Functional SNF Extractor 对话框

4.5　用软件进行项目的功能仿真

4.5.1　打开引脚节点对话框

打开引脚节点对话框的操作见图 4.5－1。

1. 编辑器 \File\New\File Type\ 点选 wave……
再选"*. scf"\ 再点击OK按钮, 弹出该窗口　　　2. 再点击"node"

波形编辑工具列

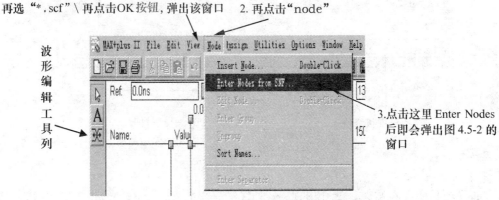

3.点击这里 Enter Nodes 后即会弹出图 4.5-2 的窗口

图 4.5－1　打开引脚节点对话框

4.5.2　选择欲仿真的输入、输出端口

选择欲仿真的输入、输出端口的操作见图 4.5－2。

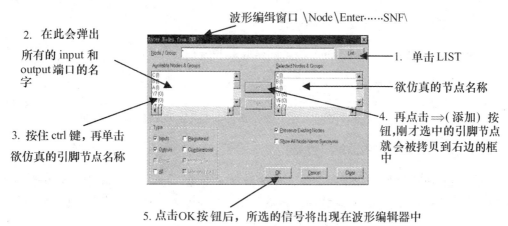

图 4.5－2 选择欲仿真的节点信号

提示：所有未选的输入节点的波形都默认为 L（低电平）状态。所有未选的输出节点的波形都默认为未知电平状态。

4.5.3 编辑输入信号的波形图

1. 显示网格

编辑器 \ Option \ Show Grid 即可显示或关闭网格。编辑输入信号对话框见图 4.5－3。

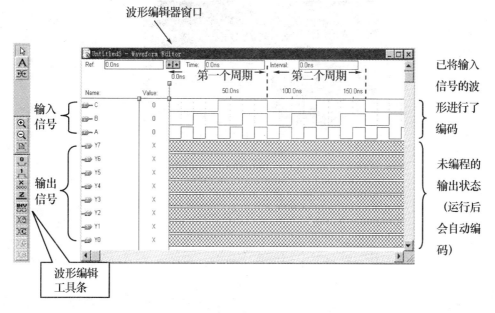

图 4.5－3 编辑输入信号对话框

2. 修改网格长度（决定时钟频率）

编辑器 \ Options \ Grid Size \ 输入网格时间长度值。

3. 修改时间总长度

编辑器 \ File \ End Time \ 输入需仿真的时间（决定观察的波形周期数）。

4. 编辑各输入节点的波形（逻辑）

按住鼠标左键并拖动几个时间段，使之激活（变黑），然后单击图形工具按钮（左侧）决定该段的电平（波形）。或用编辑器 \ Edit \ Overw……中的对话框来编辑。

5. 逻辑波形编辑完成后将文件存盘

每一个项目的首次逻辑波形编辑完成后，必须将该文件存盘：编辑器 \ File \ save ↙。请根据提示，选择正确的路径和文件名称进行存盘。

6. 合并同类型端口

当需要仿真的端口较多时，可以将同类型端口加以合并，用十进制或其他数字形式来设置输入端口或仿真后的输出信息。

（1）同时激活欲合并的同类型端口，见图 4.5-4。

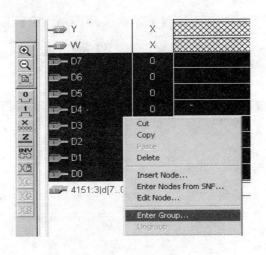

图 4.5-4 合并同类型端口

（2）单击鼠标右键 \ Enter Group ↙。

（3）在弹出的菜单中点选所要采用的数字进制，见图 4.5-5。其中，BIN 为二进制；OCT 为八进制；DEC 为十进制；HEX 为十六进制。

（4）在合并后的端口中输入预设数字。按住鼠标左键拖动一段距离将其激活，单击鼠标右键时在弹出的 Overwrite \ Group Value ↙对话框中输入数字即可，见图 4.5-6。

图 4.5−5 选择进制对话框

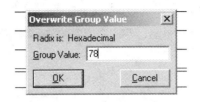

图 4.5−6 输入数字对话框

7. 撤消合并同类型端口

若需撤消合并同类型端口，恢复为独立式端口，单击鼠标右键 \ Ungroup ↙即可。

8. 忽略系统的延时

若将 Processing \ Timing SNF Extractor 选项前面的√去掉，即可在逻辑功能仿真时忽略系统的延时，当只关心逻辑功能时使观察更方便，见图 4.5−7。

4.5.4 进行仿真

仿真操作见图 4.5−8、图 4.5−9。

图 4.5−7 延时选项对话框

1. 编辑器\MAX+plusⅡ\simulator(仿真器) ↙

仿真通道文件∗.scf

2. 开始时间选择

如果仅进行软件仿真尚未指定芯片，请将此处勾去掉

3. 结束时间选择

方波周期自选

防毛刺干扰时间

仿真运行进度条

4.点击 start 按钮

图 4.5−8 功能仿真器对话框

4.5.5 AHDL 输入法设计入门

AHDL 是 Altera 公司所开发的硬件电路描述语言（Hardware Description Language，HDL）。HDL 是一种描述数字逻辑电路的各个输入端与输出端之间的关系、条件、时序的语言，根据 HDL 所描述的内容，就可用来设计配置 PLD 的电路结构，或用来制造 IC。这里仅向读者介绍 AHDL 的设计方法入门，读者可自行学习利用 VHDL

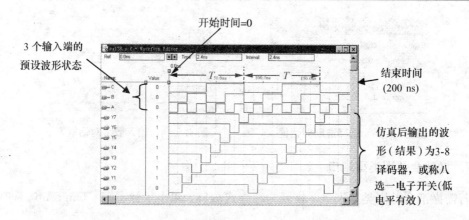

开始时间=0

3 个输入端的预设波形状态

结束时间（200 ns）

仿真后输出的波形（结果）为3-8译码器，或称八选一电子开关(低电平有效)

图 4.5－9 编辑输入信号并进行仿真

等硬件描述语言来开发 PLD 的方法和技能。

　　绘制电路图是大学电子课程教学的传统内容，绘图输入法简单易学，不失为电子系统设计的入门方法，但若电路较复杂、规模较大时，绘制电路图就变得既繁杂又费事，因此早期便开发出一种 HDL 用于逻辑电路的设计描述，再经编译后完成逻辑硬件的电路结构。对于复杂的电路与系统，使用 HDL 来进行描述设计，将使设计变得轻而易举、简单而明了。这里，仅举一个如图 4.5－10 的基本门电路的例子来示范 AHDL 的文本文件编译方法。

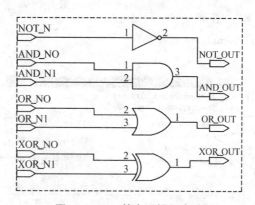

图 4.5－10 基本逻辑门电路

　　利用 AHDL 设计如图 4.5－10 所示电路的文件如下：

```
SUBDESIGN primit
    (
    NOT ,N                  :INPUT;
    AND_IN0,AND_IN1         :INPUT;
    OR_IN0,OR_IN1           :INPUT;
    XOR_IN0,XOR_IN1         :INPUT;
    NOT_OUT,AND_OUT         :OUTPUT;
    OR_OUT,XOR_OUT          :OUTPUT;
    )
```

```
BEGIN
    NOT_OUT=！（NOT IN）；
    AND_OUT：AND_IN0&AND_IN1；
    OR_OUT=OR_IN0#OR_IN1；
    XOR_OUT=XOR_IN0$XOR_IN1；
END；
```

说明：

（1）一个 AHDL 的文件格式，基本上必须至少包含 SUBDESIGN 区段及 Logic 区段。

（2）SUBDESIGN 区段是用来宣告 .tdf 文件中的输入、输出或双向输出/入端口的名称，其关键字 SUBDESIGN 后必须紧跟着 .tdf 文件的名称，而所有信号的属性设定都要用小括号（）括起来。

（3）SUBDESIGN 区段内，信号间由逗号分隔，最后接上冒号和属性名称，然后以分号作为结束，例如：a,b,c:INPUT；

（4）信号的属性名称可以是：INPUT、OUTPUT、BIDIR、MACHINE INPUT、MACHINE OUTPUT 五种。

（5）Logic 区段可视为 SUBDESING 区段的主体，用来描述所要执行的逻辑运算功能，以关键字 BEGIN 开始，而以 END 关键字加上分号作为结束。

（6）Logic 区段中可以使用的声明有：

①预设值声明（Defaults Statement）；

②布尔方程式声明（Boolean Statement）；

③布尔控制方程式声明（Boolean Control Statement）；

④"Case"声明（Case Statement）；

⑤"If Then"声明（If Then Statement）；

⑥"If Generate"声明（If Generate Statement）；

⑦"For Generate"声明（For Generate Statement）；

⑧真值表声明（Truth Table Statement）。

前述程序中的 Logic 区段包含的四个叙述都为布尔方程式，用来代表逻辑运算符的字元如表 4.5-1 所示。

表 4.5-1　布尔方程式的逻辑运算符

运算符	功能	运算符	功能
！或 NOT	非门		
& 或 AND	与门	！& 或 NAND	与非门
# 或 OR	或门	！# 或 NOR	或非门
$ 或 XOR	异或门	！$ 或 XNOR	异或非门

（7）AHDL 编写属于自由格式，所以在一个完整叙述写完时，必须为它加上分号 ";" 作为前后叙述的分隔。

（8）在 MAX+plus Ⅱ 软件环境中，利用 AHDL 开发电路的流程与绘图输入法一样，只是必须开启 Text Editor 来编写 AHDL 程式，而且文件的扩展名应选为 .tdf（如图 4.5−11 所示）。

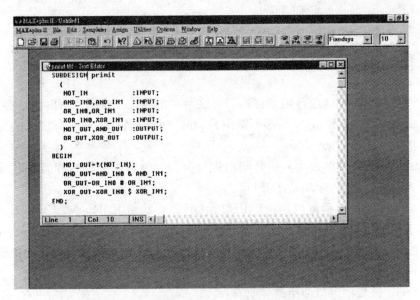

图 4.5−11　开启 Text Editor 来编写 AHDL 文件

4.6　下载文件到芯片完成项目的设计工作

4.6.1　下载步骤简述

（1）连接好硬件。

（2）运行下载软件并将 *.hex 文件载入芯片。

（3）按逻辑功能的要求从输入端送入信号，观察输出端信号的波形变化，验证芯片是否已具有设计项目所要求的功能。

4.6.2　连接好掌宇开发机

（1）将掌宇 CPLD 开发机的 RS−232 串口线先连接到 PC 机的 COM1（或 COM2）上。提示：当 PC 机或开发机电源处于开启状态时，不能热插拔串口线，否则将造成接口芯片烧毁。

（2）打开开发机的电源。

(3) 启动 PC 机。

4.6.3 运行装载（烧录）工具

执行 dnld 82（dnld 82 为 8000 系列专用的装载软件）程序后将会出现如图 4.6-1 所示的界面。

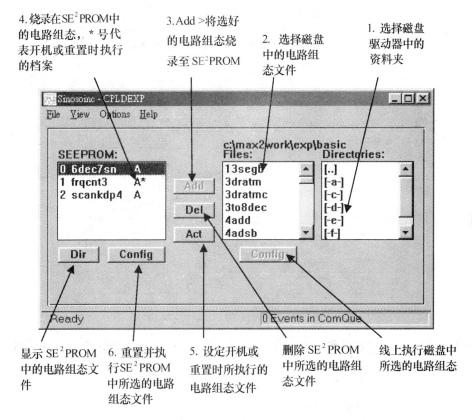

图 4.6-1 dnld 82 程序的操作窗口

4.6.4 下载设计文件到芯片中

（1）首先应正确选择与 PC 联机的串行口为 COM1 或 COM2 端口，在 Option 功能选项中选择设定如图 4.6-2 所示的界面。

（2）选择设定好 COM1 或 COM2 后，可由 Dir 命令中读取 SE^{2}PROM 内含的文件名称目录，也可以用光标选择 SE^{2}PROM 内含的档案予以加载仿真执行。

（3）芯片烧录（将项目文件下载到芯片中）。选择先前已经编译完成的 "∗.hex" 文件并点击 Add 按钮后，屏幕将出现如图 4.6-3 所示界面。

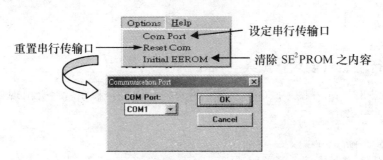

图 4.6－2　DNLD82 下载程序之 COM Port 设定

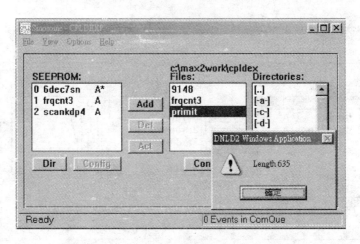

图 4.6－3　将 PRIMIT 烧录于 SE^{2}PROM 中

　　本系统涵盖有电路在系统加载控制功能（ISP），也就是说当电路仿真好后可直接烧录（ADD）在 SE^{2}PROM 内，或予以清洗（DEL），烧录与清洗的次数可达万次以上。

　　已经烧录好在 SE^{2}PROM 内的电路组态结构的项目文件，若想要在开机时能自动选择执行，可先选择 SE^{2}PROM 内的项目文件进行激活，再点击"ACT"按钮即可，此时文件会多一个"＊"符号。开机时，将 FPGA 主机板上的 J$_6$（EXE MODE）插上，就会在打开电源时自动选择标示"＊"的电路组态执行，若要更改则可持 J$_6$ 短路夹关/开一次，即可另行选择开机自动执行的项目文件。

　　当加载正确且完成后，将出现图 4.6－4 响应告知，否则会出现报错画面。当出现报错时，应使用主机上的重置（RESET）及此系统 Option 选项中的 Reset 重置传输系统，或检查待烧录文件 ＊.hex 的正确性。

　　注意：开机前，应先将实验开发系统 RS－232 传输线正确地与 PC 机接上，将实验开发系统的电源打开，再打开 PC 机电源，待 PC 机启动后激活 dnld 82 程序。通过串行传输通讯，PC 机会主动将 FPGA 实验开发系统内的 SE^{2}PROM 中所含的旧项目文件以文件名称读回显示，可方便地将其删除、改写或按需进行激活。

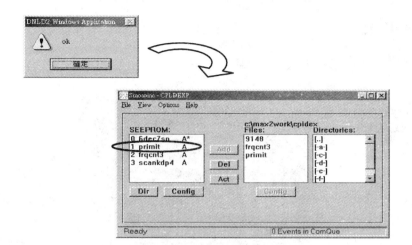

图 4.6-4 加载正确且完成烧录之画面

4.7 掌宇 CIC310 型 CPLD/FPGA 开发系统的安装与硬件仿真

1. 功能说明

CPLD 内含 6000 逻辑门以上,内部使用 RAM 作电路结构,速度高达几百兆赫 (MHz),并且可任意规划更改电路,是一个可随心所欲地使用的设计芯片。

开发系统全部窗口化,使用数字硬件描述语言 (HDL/VHDL) 及电路绘图法设计芯片,自动简化电路结构,快速开发出数字系统。

加入下载板接口电路,使用下载程序管理,可重复写入 10000 次以上,并可同时储存多个下载程序于 SE^2PROM 内。

2. 系统架构

本实验系统是由 CPLD/FPGA 下载平台、I/O 实验仿真平台、RS-232 接口电路与电源四部分构成,其架构图如图 4.7-1 所示。

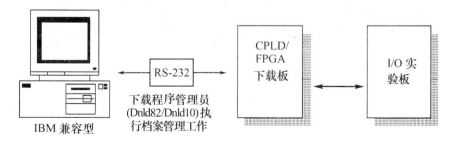

图 4.7-1 CPLD/FPGA 数字开发实验系统架构图

3. 产品外观

(1) FPGA 芯片下载平台外形见图 4.7-2。

J_2、J_3 的接脚定义
与 10K 下载板不同,
请在规划电路组态
时务必要注意

J_7、P52/TRSTA
控制短路夹,
预设要接短路
夹

J_8 模式选择
短路夹,共有
三组。短路
夹预设接于
上面两组

图 4.7-2　FPGA 下载平台实物图 (8000 系列)

注:后述 FPGA 均表示其默认芯片为 8000 系列

(2) I/O 仿真平台的外形见图 4.7-3。

米字型显示器

5×7 点矩
阵显示器

6 个七段
显示器

16 个 LED 输出状态显示

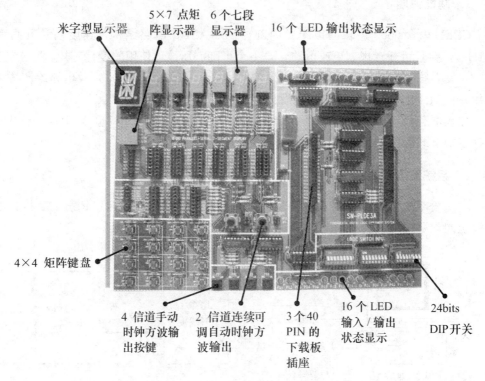

4×4 矩阵键盘

4 信道手动
时钟方波输
出按键

2 信道连续可
调自动时钟方
波输出

3 个 40
PIN 的
下载板
插座

16 个 LED
输入 / 输出
状态显示

24bits

DIP 开关

图 4.7-3　I/O 仿真平台实物图

（3）FPGA 8000 系列芯片下载平台电路图见图 4.7－4。

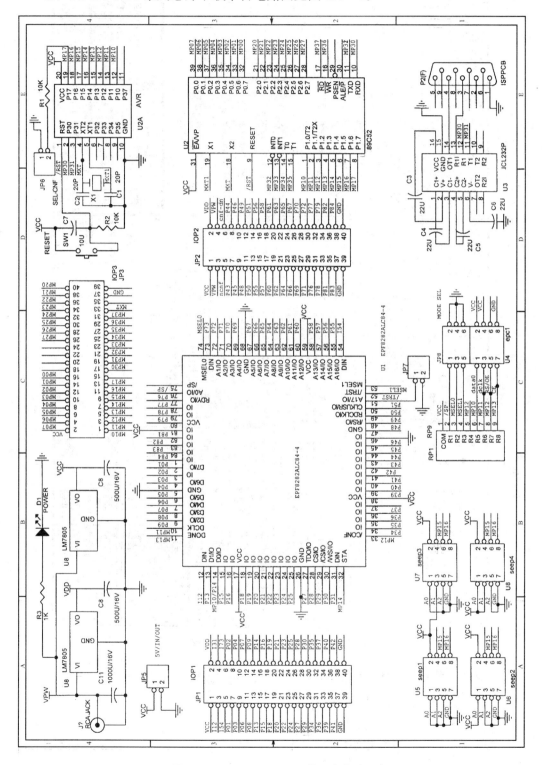

图 4.7－4　FPGA 8000 下载平台电路图

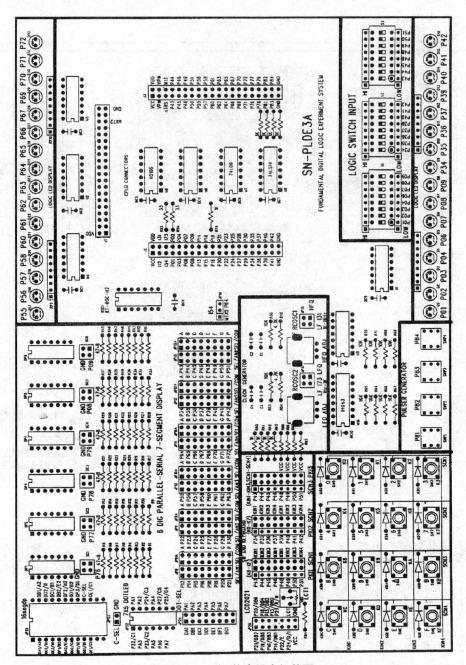

图 4.7-5　I/O 仿真平台拓扑图

4. I/O 仿真平台电路说明

I/O 仿真平台拓扑图如图 4.7-5 所示，各功能说明如下：

1）逻辑输入开关（Logic Input Switch）

在图 4.7-6 中，可看到使用 3 个 8×1 组合式 DIP 输入开关，分别接到 FPGA 的引脚，其对应关系如表 4.7-1 所示。

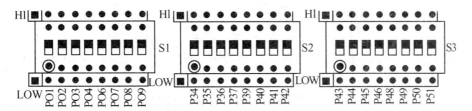

图 4.7-6 DIP 输入开关配置图

表 4.7-1 FPGA 引脚与逻辑输入开关的对应关系

代号	S1-1	S1-2	S1-3	S1-4	S1-5	S1-6	S1-7	S1-8
组件名称	DIP 开关							
FPGA 引脚位	P01	P02	P03	P04	P06	P07	P08	P09
代 号	S2-1	S2-2	S2-3	S2-4	S2-5	S2-6	S2-7	S2-8
组件名称	DIP 开关							
FPGA 引脚位	P34	P35	P36	P37	P39	P40	P41	P42
代 号	S3-1	S3-2	S3-3	S3-4	S3-5	S3-6	S3-7	S3-8
组件名称	DIP 开关							
FPGA 引脚位	P43	P44	P45	P46	P48	P49	P50	P51

使用时会发现引脚没有连续使用，其原因是 FPGA 芯片的 84 只脚位中第 5 脚为 GND 输入端，故 P05 是固定接地端，而第 38 脚固定为 V_{CC} 输入端，故用户不能使用 P38 而是将其固定接于 V_{CC} 电源，另外第三组的 P47 也固定为 GND 接地输入端，也不可作为输入端使用。

DIP 开关没有接通时，有 22kΩ 的接地电阻，为 LOW=0 输入逻辑电平。当开关往上推时，则并接 4.7kΩ 排阻到 V_{CC} 电源，而将此输入引脚处于 HI=1 的 V_{CC} 逻辑电平输入。这 24 个开关可作为任意逻辑组合输入设定，控制实验及测试应用。

2）用于逻辑电平检测的 LED 显示器

在图 4.7-3 和图 4.7-5 中，可看到在右边使用了上下各两组 8×2 的 LED 输出显示，分别接到 FPGA 芯片的引脚对应关系如表 4.7-2 所示。

表 4.7-2 FPGA 引脚与 LED 显示器的对应关系

代号	D1	D2	D3	D4	D5	D6	D7	D8
组件名称	LED							
FPGA 引脚位	P01	P02	P03	P04	P06	P07	P08	P09
代 号	D9	D10	D11	D12	D13	D14	D15	D16
组件名称	LED							
FPGA 引脚位	P34	P35	P36	P37	P39	P40	P41	P42
代 号	D17	D18	D19	D20	D21	D22	D23	D24
组件名称	LED							
FPGA 引脚位	P55	P56	P57	P58	P60	P61	P62	P63
代 号	D25	D26	D27	D28	D29	D30	D31	D32
组件名称	LED							
FPGA 引脚位	P64	P65	P66	P67	P69	P70	P71	P72

处于面板最右下端的 16 个 LED（D1~D16）用来显示输入或输出的逻辑电平；而面板最右上端的 16 个 LED（D17~D32），完全用来作为输出逻辑电平状态显示。同样的，P59 引脚没有连续使用是因其被固定设为 V_{cc} 电源输入引脚端，而 P68 也被固定为 GND 接地输入端。

这 32 个 LED 输出逻辑电平检测显示器的工作是经过 CD40106 的缓冲器输出来驱动 LED 的，由于驱动器 CD40106 是 CMOS 电路，故几乎不会带来负载效应。表 4.7-2 的引脚配置也印刷在相应的 LED 旁边，如图 4.7-7 所示。

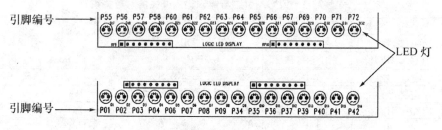

图 4.7-7　逻辑电平检测 LED 显示器配置图

3) 并列或串行的六位数七段 LED 数码显示器

各个七段显示器的共阴极引脚（SC1~SC6），可以利用短路夹予以选择连接到 CPLD 引脚（P76、P77、P78、P79、P08、P09）作串行扫描工作方式的控制或直接接地到 GND 端作并列独立工作方式的显示。表 4.7-3 是 DP1~DP6 六位数的七段数码管各段 LED 与 FPGA 引脚的对应配置关系。六位数七段 LED 显示器外观见图 4.7-8 所示，七段数码管显示器的引脚定义见图 4.7-9 所示。

表 4.7-3　FPGA 引脚与 7 段 LED 显示器的对应关系

代号	DA1	DB1	DC1	DD1	DE1	DF1	DG1	DP1	SC1
组件名称	DP1 七段显示器								
引脚位	P13	P14	P15	P16	P18	P19	P20	P21	P76
代　号	DA2	DB2	DC2	DD2	DE2	DF2	DG2	DP2	SC2
组件名称	DP2 七段显示器								
引脚位	P22	P23	P24	P25	P27	P28	P29	P30	P77
代　号	DA3	DB3	DC3	DD3	DE3	DF3	DG3	DP3	SC3
组件名称	DP3 七段显示器								
引脚位	P55	P56	P57	P58	P60	P61	P62	P63	P78
代　号	DA4	DB4	DC4	DD4	DE4	DF4	DG4	DP4	SC4
组件名称	DP4 七段显示器								
引脚位	P64	P65	P66	P67	P69	P70	P71	P72	P79
代　号	DA5	DB5	DC5	DD5	DE5	DF5	DG5	DP5	SC5
组件名称	DP5 七段显示器								
引脚位	P34	P35	P36	P37	P39	P40	P41	P42	P08
代　号	DA6	DB6	DC6	DD6	DE6	DF6	DG6	DP6	SC6
组件名称	DP6 七段显示器								
引脚位	P43	P44	P45	P46	P48	P49	P50	P51	P09

米字型显示器，
启用时，JP23、
JP8、JP9、JP10
皆需接上短路夹

JP23，使用米字
型显示器时要接
上短路夹，平常
则不接短路夹

七段显示器，使用
时配合 SC1~SC6 及
JP8-JP8A~JP13-JP13A,
选择扫描或独立显示
方式

SC1~SC6, 短路夹接地
选择独立显示，短路夹
接 FPGA 引脚（P76、
P77、P78、P79、P08、
P09)以选择扫描显示
模式

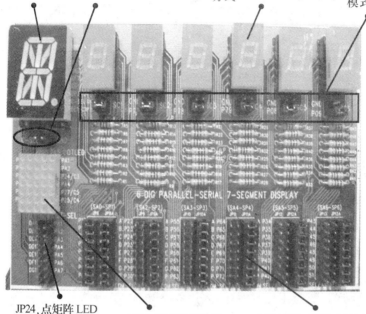

JP24, 点矩阵 LED
选择，使用点矩阵
LED需接上8连
排短路夹

5×7 点矩阵 LED 显
示器，使用点矩阵LED
时，JP24、JP8需接上
8连排短路夹

JP8-JP8A~JP13-JP13A, 配
合 SC1~SC6、JP23、JP24
来控制七段、米字型及点
矩阵 LED 等显示器的工作
模式

图 4.7－8 显示器面板部分外观照片

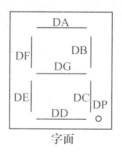

引脚石   字面

图 4.7－9 七段显示器之引脚定义图

4）时钟脉冲信号发生器

（1）手动信号发生器。

在图 4.7－10 中，可看到有 4 个按钮开关式的脉冲发生器，其与 FPGA 的对应引
脚关系如表 4.7－4 所示。

表 4.7－4　FPGA 引脚与按钮开关的对应关系

代号	SWP1	SWP2	SWP3	SWP4
组件名称	按钮式开关			
FPGA 引脚位	P81	P82	P83	P84

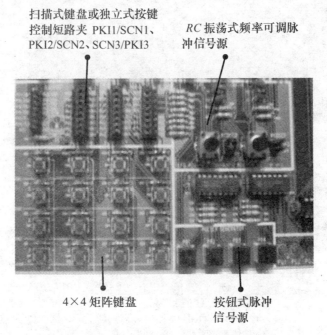

扫描式键盘或独立式按键
控制短路夹 PKI1/SCN1、
PKI2/SCN2、SCN3/PKI3

RC 振荡式频率可调脉
冲信号源

4×4 矩阵键盘

按钮式脉冲
信号源

图 4.7－10　脉冲信号源及键盘外观照片

SWP1～SWP4 为按钮式开关，没有压下时为 LOW 态，压下时则转为 HI 态，这些开关都进行了噪声消除处理，所以极适合在计数器、缓存器中作输入 CLOCK 脉冲之用。

（2）自动信号发生器。

连续方波讯号产生器由 CD40106 做 *RC* 振荡，分两段（即高、低频段），由半可调 1MΩ 电位器 F1－ADJ、F2－ADJ 调整其输出频率。此二段信号发生器中 F2 可调范围是 1Hz～1kHz（分 2 段），而 F1 可调范围是 1kHz～1MHz（分 2 段），F1 输出可选接到 FPGA 的第 31 脚（即 I31 端，或叫 P31），而 F2 则可选择接到第 73 脚（即 I73，也称 P73 输入端）。

JP15 的短路夹插接于 LF 端则选择 F1 的低频段，JP17 之短路夹插接于 LF 端则选择 F2 的低频段，FPGA 的第 31 脚则可由 JP15 选择 *RC* 振荡讯号源 F1 端。FPGA 的第 73 脚亦可由 JP17 选择 *RC* 振荡讯号源端 F2。

按钮脉冲信号源及 *RC* 振荡脉冲信号源的配置图如图 4.7－11 所示。

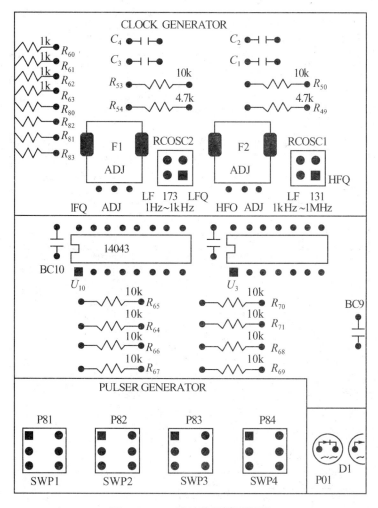

图 4.7-11 脉冲信号源配置图

5）矩阵式键盘

在图 4.7-10 中，可看到由 16 个按键所组成的矩阵式键盘，其与 FPGA 引脚的对应关系如表 4.7-5 所示，与引脚的配置如图 4.7-12 所示。

表 4.7-5 键盘与引脚的关系

代号	SW0	SW1	SW2	SW3	SW4	SW5	SW6	SW7
组件名称	按钮式按键							
CPLD 引脚位	P34	P35	P36	P37	P39	P40	P41	P42
代 号	SW8	SW9	SWA	SWB	SWC	SWD	SWE	SWF
组件名称	按钮式按键							
CPLD 引脚位	P43	P44	P45	P46	P48	P49	P50	P51
对应行列线名称	KIP1	KIP2	KIP3	KIP4	SCN1	SCN2	SCN3	SCN4

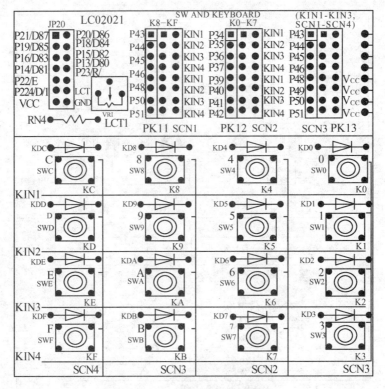

图 4.7−12　矩阵式键盘配置图

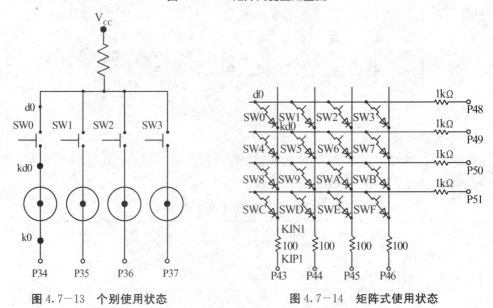

图 4.7−13　个别使用状态　　　　图 4.7−14　矩阵式使用状态

　　从图 4.7−13 与图 4.7−14 可以知道：若要 16 个按键个别使用时，PK11、PK12、PK13 都要接上短路夹；若是要将 16 个按键当作 4×4 矩阵键盘使用时，则换成 SCN1、SCN2、SCN3 都要接短路夹。

第五章　无线电通讯与超外差收音机的原理与设计

5.1　无线电通讯

5.1.1　无线电波的波长、频率与波段划分

1. 无线电波波段的划分

无线电波的波长从不到一毫米到几十千米（频率范围由几十千赫到几十万兆赫），通常根据波长（频率）把无线电波划分成几个波段，如表5.1－1所示。

表5.1－1　无线电波波段的划分

波段名称	频段名称	频率范围	波长范围/m	用途
超长波	甚低频 VLF	3～30(kHz)	10^5～10^4	海上远距离通信
长波	低频 LF	30～300(kHz)	10^4～10^3	超远程无线电通讯和导航
中波	中频 MF	300～1500(kHz)	10^3～2×10^2	无线电广播
中短波	中高频 IF	1.5～6(MHz)	2×10^2～50	电报通讯
短波	高频 HF	6～30(MHz)	50～10	无线电广播、电报通讯
米波	甚高频 VHF	30～300(MHz)	10～1	无线电、电视广播、导航
分米波	特高频 UHF	300～3000(MHz)	1～10^{-1}	电视、雷达、无线电导航
厘米波	超高频 SHF	3×10^3～3×10^5(MHz)	10^{-1}～10^{-3}	雷达、卫星通讯、接力通讯
亚毫米波	超极高频	3×10^5(MHz) 以上	10^{-3} 以下	无线电接力通讯

2. 无线电波的传播

无线电波是横波，即电场和磁场的方向都跟波的传播方向垂直，在无线电波中，各处的电场强度和磁感应强度的方向也总是互相垂直的，如图5.1－1所示。只有这样，也只能是这样的关系，电场和磁场才能互相切割，不断感生新的电场和磁场，从而越传越远。不同波长的电磁波，传播特性不相同，其传播方式大致可分为地波、天波和空间波三种形式。

1）地波

沿地球表面空间向外传播的无线电波叫地波，如图5.1－2（a）所示。地波具有衍

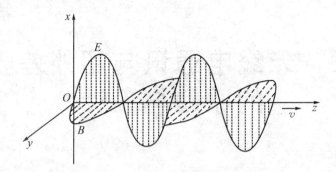

图 5.1—1　无线电波传播示意图

射特性，当无线电波的波长大于或相当于山坡、建筑物等障碍物的尺寸时，它可以绕过障碍物继续向前传播。

地球是导体，地波沿地面传播时，地球表面因电磁感应而产生感应电流，因此要消耗能量，并且能量损耗随频率升高而增大。考虑到能量损失，只有中、长波才以地波方式传播。由于地波传播稳定可靠，在超远程无线电通讯和导航等方面多采用中、长波。

2）天波

依靠电离层的反射作用传播的无线电波叫做天波，如图 5.1—2（b）所示。在地球表面的大气层中，大约在 60km 到 400km 的范围内，由于太阳光的照射，气体分子分解为带正电的离子和自由电子，构成了电离层。电离层一方面可以反射无线电波，反射率随无线电波的频率增大而减小。实践表明，波长短于 10m 的微波会穿过电离层射向宇宙，电离层只能反射短波或波长更长的无线电波。另一方面，电离层还要吸收无线电波，吸收率随无线电波的频率减小而增大，中波和中短波一部分被吸收，因此只有短波以天波方式传播。

天波传播受外界影响较大，它与电离层强度、太阳辐射强度等多种因素有关。由于这些原因，短波收音机夜晚收到的电台比白天多。

3）空间波

沿直线传播的无线电波叫做空间波，它包括由发射点直接到达接收点的直射波和经地面反射到接收点的反射波，如图 5.1—2（c）所示。

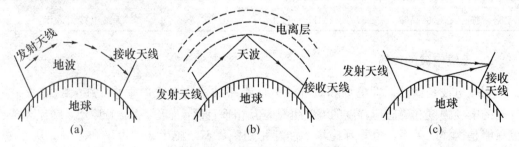

图 5.1—2　无线电波的传播途径

由于地球表面是圆球形的，沿直线传播的微波不能传播很远，一般为几十千米。空间波受大气干扰小，能量损耗小，接收到的信号较强而且较稳定，所以无线电视、雷达都采用以空间波方式传播的微波。要让空间波传得更远，通常要在通讯范围内设立多个中继站。

5.1.2　无线电波的发射

1. 载波的调制与解调

1）载波

无线电通讯是用空中传播的电磁波来传递语言和音乐的。由于低频电磁波的发射需要足够长的天线，而且能量损失大，所以，低频信号不能直接由天线发射。只有波长足够短，即频率足够高的电磁波，才能有足够的能量由天线发射出去。因此，无线电广播要用高频电磁波载上低频信号传播到空间去。在无线电通讯中，通过高频振荡电路产生的高频、等幅电磁波，叫做载波。载波是运输工具，起运载低频信号的作用。

2）调制

用低频信号控制高频载波的过程叫做调制，低频信号叫调制信号。如果载波的幅度被低频信号所控制，这种调制叫调幅；如果载波的频率被低频调制信号所控制，这种调制叫调频；如果载波的初相被低频调制信号所控制，这种调制叫做调相，如图 5.1－3 所示。经过调制后的电磁波叫已调波，它可以通过天线向空间辐射出去。不同的广播电台，采用不同频率的载波，彼此互不干扰。

3）解调

从已调波中，将低频调制信号还原出来的过程叫做解调。解调又有检波和鉴频之分，分别用于调幅收音机和调频收音机中。

2. 无线电广播的基本原理

无线电广播主要由话筒、高频振荡器、调制器、放大器和发射天线等部分组成，调幅式电台的方框图与各部分信号波形图如图 5.1－4 所示。

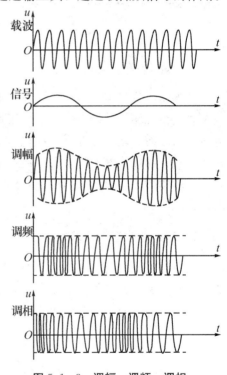

图 5.1－3　调辐、调频、调相

语音或音乐的声波使话筒内的弹簧片产生机械振动，通过电磁感应的作用，将机械振动转换为相应的音频电流或电压，经音频放大器放大后，去调制由高频振荡器产生的高频载波，再经功率放大器放大后，由天线发射出去。这就是所谓的电台。手机发射信号的原理也是这样的。

电台发射的信息，由无线接收设备——收音机接收下来，并通过放大、解调等处理，还原成声音信号，就完成了从发射到接收的全过程，达到远距离无线通讯的目的。这也是手机接收信号的原理。

　　无线电通讯从诞生至今已经 100 多年了，无线电广播技术走过了从矿石机、单管机、多管直放式来复机，到超外差收音机的漫长路程。晶体管超外差机已被集成电路所取代，单片式收音机也已发展到相当成熟的地步。我们今天来讲分立式晶体管七管超外差收音机似乎过时了一点，但是，我们可以通过分立机的工作原理与设计原理来充分了解单片式收音机的工作原理与设计原则，进而掌握模拟电子系统的设计方法。

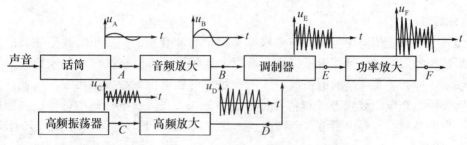

图 5.1-4　无线电广播发射机框图和波形图

5.1.3　超外差收音机简介

　　超外差收音机最突出的特点是：它把接收到的电台信号与本机振荡信号同时送入变频管进行混频，并始终保持本机振荡频率比外来信号频率高 455kHz，通过选频电路取两个信号的"差额"进行中频放大。这种电路叫做超外差式电路，采用超外差式电路的收音机叫做超外差收音机。超外差收音机既有调幅（AM）方式，也有调频（FM）方式，两者的工作原理大同小异，这里仅对调幅式超外差收音机的工作原理进行详尽的分析。

1. 超外差收音机的基本组成

　　超外差收音机由输入电路、变频级、中频放大级、检波级、AGC 电路、低频放大级、功率放大级和扬声器组成。其方框图与各部分波形图如图 5.1-5 所示。读者不难看出，图中的波形均为调幅式。

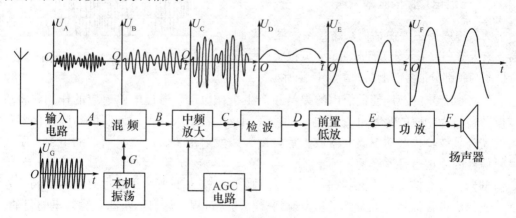

图 5.1-5　超外差收音机框图和波形图

2. 超外差收音机工作过程

输入电路从天线接收到的众多广播电台发射出来的高频调幅波信号中，选择出所需要接收的广播电台的信号，将它送到混频管。收音机中的本机振荡电路产生的高频等幅振荡信号（其频率始终保持比外来信号高 455kHz）也被送到混频管。利用晶体管的非线性作用实现混频，混频后产生这两种信号的"基频"、"和频"、"差频"等。其中差频为 455kHz，由选频回路选出这个 455kHz 的中频信号，将其送到中频放大器放大，经放大后的中频信号再送到检波器检波，还原成音频信号，音频信号再经前置低频放大和功率放大送到扬声器，由扬声器还原成声音。

3. 超外差收音机的特点

1）在接收波段范围内，对信号放大量均匀一致

由于变频级将外来的高频已调波信号变为 455kHz 的固定中频，然后再对固定中频信号进行放大。因此，在整个接收波段范围内，放大量均匀一致。

2）灵敏度高

输入电路选择出的高频已调波信号，经变频级变频后，信号频率变为固定中频，能够使晶体管在放大量较大的最佳工作状态工作。因此，收音机的灵敏度可以很高。

3）选择性好

由于"差频"的作用，只有外来信号与本机振荡信号的频率相差为 455kHz 时，才能进入中频放大电路。又由于中频放大器的负载均为谐振回路，具有选频的作用，因此选频特性好。这样，就大大提高了整机的选择性。

超外差收音机克服了直接放大式收音机的缺点，但是，也产生了一些新的问题。它的电路比较复杂，组装和调试比较困难。由于提高了整机灵敏度，各种杂波的干扰也随之增大。此外，还增加了超外差收音机所特有的"镜频干扰"。

尽管如此，超外差式电路仍然是性能良好的电路，目前，被单片式调幅收音机、调频收音机广泛采用。

5.2 超外差收音机的设计

5.2.1 输入电路

图 5.2-1 所示为七管式调幅收音机电路原理图，下面以该收音机为实例，介绍超外差收音机的工作原理与设计方法。

1. 输入电路的作用和要求

1）输入电路的作用

收音机的天线接收到许多广播电台发射出的高频信号波，输入电路的作用就是从这些信号中选择出所要接收的电台的高频信号，并将它输送到收音机的第一级，把那些

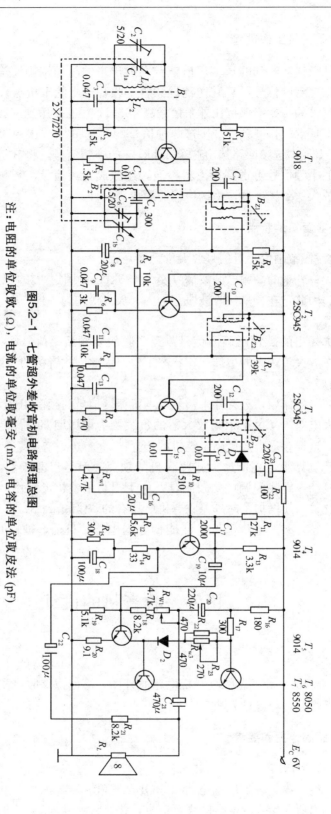

图 5.2-1 七管超外差收音机电路原理总图

注：电阻的单位取欧（Ω），电流的单位取毫安（mA），电容的单位取皮法（pF）

不需要接收的信号有效地加以抑制。

2）对输入电路的要求

（1）要有良好的选择性。从天线接收到的各种信号中，选择有用信号的能力要强，同时能有效地抑制无用信号的干扰。通常采用串联谐振的方法来选择电台信号。

（2）电压传输系数要大。对所要接收的高频信号的衰减要小，在整个波段范围内，对各个电台的电压传输系数不仅要大，而且要均匀一致。

（3）频率覆盖要正确。要求输入电路能够选择出指定频率范围内的所有电台。

（4）工作稳定性好。抗外界各种干扰的能力要强。例如：人手触及天线或机壳时，收音机位置发生变化时，天线电感或分布电容改变时，对收听效果产生的影响要尽可能的小。

2. 串联谐振回路

1）串联谐振的定义和条件

在电阻、电感、电容串联电路中，当电路端电压和电流同相时叫做串联谐振。由于谐振时回路电流最大，故也称其为电流谐振。串联谐振回路通常由电感线圈和电容组成。

我们在电工学学习中已经掌握了谐振回路的知识，输入电路就是串联谐振应用的实例。

图 5.2-2 所示为 R、L、C 串联回路，其中 R 代表电感线圈内电阻、电容器本身损耗内阻和回路其他损耗电阻之和。若保持回路元件 L、C 不变，使 $f = \dfrac{1}{2\pi\sqrt{LC}} f_0$，则电路发生谐振；若保持 L、f_0 不变，改变电容 C，使 $C = \dfrac{1}{(2\pi f_0)^2 L}$，则电路也会产生谐振。

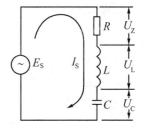

图 5.2-2　串联谐振回路

2）串联谐振的特点

（1）回路总阻抗最小，且为纯电阻。

（2）回路中电流最大，并与电源的电压同相。

（3）电感与电容两端的电压相等，其大小为总电压的 Q 倍，但二者电压相位相反，电阻两端电压等于总电压。

电感上电压 $\qquad U_L = \dfrac{\omega_0 L}{R} E_S = Q E_S$

电容器上电压 $\qquad U_C = \dfrac{E_S}{R} X_C = Q E_S$

电阻上电压 $\qquad U_R = \dfrac{E_S}{R} \cdot R = E_S$

故 $\qquad\qquad U_L = V_C = Q E_S$

式中 Q 为串联谐振电路的品质因数。

谐振回路中的品质因数，一般可达 100 以上。由此可见，电感与电容上的电压比电源电压大很多倍，故串联谐振又叫电压谐振。线圈的电阻越小，电路消耗的能量也越小，则表示电路品质好，品质因数高；若线圈的电感量越大，则储存的磁能也就越多，在损耗一定时，同样也说明电路品质好，品质因数高。所以在无线电技术中，由于外来信号十分微弱，常常利用串联谐振来获得一个与信号电压频率相同，但大很多倍的信号电压，来达到选台的目的。

3）串联谐振回路的频率特性

根据欧姆定律，回路的电流为 $I_s = \dfrac{E_s}{Z}$，由这个关系式绘出的电流随频率而变化的曲线称为电流谐振曲线，如图 5.2－3 所示。当 $f = f_0$ 时，$X_L = X_C$，此时电流最大，曲线出现高峰；而在 $f < f_0$、$f > f_0$ 这两侧，Z 大于 R，曲线下降。由不同的电路参数，可得到不同形状的电流谐振曲线。

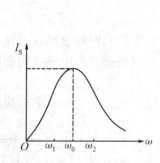

图 5.2－3　电流谐振曲线

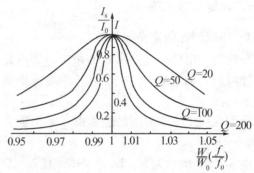

图 5.2－4　通用电流谐振曲线

曲线的尖锐程度与 R、L、C 有关。为了使不同电路的谐振曲线可以互相比较，通常采用图 5.2－4 所示的通用电流谐振曲线。由图可见，回路 Q 值越高，曲线越尖锐，在谐振频率附近回路电流较大，在远离谐振频率处回路电流最小。Q 值越低，则谐振曲线越平坦。在收音机设计中，当 Q 值高时，选择性好，而通频带窄，音质单调，Q 值低才能获得达到或超过音频的通频带，但却容易混台（选择性差），一般选择 Q 值在 $50 \sim 80$ 左右。

3. 输入电路的工作原理

超外差收音机的输入电路是利用串联谐振特性来选择所需要的信号的。它是由初级调谐线圈 L 和可变电容器 C 串联构成的，如图 5.2－5（a）所示。调谐线圈 L 一般绕在铁氧体磁棒上，这就是通常所说的磁性天线。当空间各个不同频率的无线电波通过调谐线圈时，都会在线圈中产生感生电动势，并产生一定的电流。调节可变电容器 C，使谐振电路与某一信号 e_1 的频率 f_1 发生谐振。根据串联谐振特性，电路对信号 e_1 所呈现的阻抗为最小，则回路电流也就最大，因而能在调谐线圈两端得到一个频率为 f_1 的较高信号电压。此电压通过绕在同一磁棒上的次级线圈 L_1 耦合，传送到下一级输入端。而其他频率信号，因未发生谐振，电路对它们呈现的阻抗就大，相应的电路电流也小。故只有频率为 f_1 的信号被选出来，其他频率的信号都被有效地抑制，如图 5.2－5（b）所示。

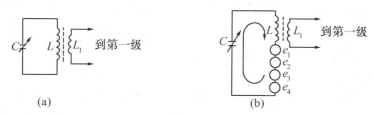

5.2-5　**输入电路**

调节 L、C 组成的输入电路，使它对欲接收的信号发生谐振的过程叫调谐，也就是通常说的选台。这种输入电路一般称为调谐输入电路或调谐回路。图中的 L 就叫收音机的天线。

4. 天线的种类及耦合方式

天线有磁性天线和外接天线，外接天线又分拉杆天线、外架天线、拖尾天线等。

1）磁性天线

常用的磁性天线输入电路，如图 5.2-6 所示。"磁性天线"由一根长圆或扁长形磁棒和线圈 L_1、L_2 组成。中波磁棒用锰锌铁氧体材料制成，长度应大于 50mm。一般来说，磁棒越长，接收的灵敏度也就越高。线圈用多股纱包线绕制而成，一般都把线圈放在磁棒的两端，这样可以提高输入调谐回路的 Q 值。

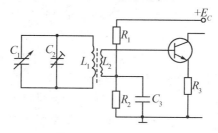

图 5.2-6　**磁性天线**

空间各种频率的电磁波穿过磁棒时，使谐振线圈 L_1 上感生出强弱和频率各不相同的信号电动势。然后利用串联谐振回路的选频作用，把选出来的信号电压，通过 L_2 的耦合作用传送到收音机变频级的基极。

为了把调谐回路所选出的信号电压尽量无损耗地传送到变频级的基极，输入电路是通过耦合线圈 L_2 来完成的。L_1、L_2 构成高频变压器。高频变压器除了能将信号电压耦合到基极以外，还有阻抗变换的作用。调谐回路的阻抗约 100kΩ。变频级的输入阻抗约在 1kΩ～3kΩ。如果二者直接耦合，损耗必然很大，甚至使变频级无法工作。利用变压器变换阻抗原理，可达到初次级阻抗匹配的要求。设初级线圈 L_1 的阻抗为 Z_1，匝数为 N_1，次级线圈 L_2 的负载阻抗为 Z_2，匝数为 N_2，则

$$\sqrt{\frac{Z_1}{Z_2}} = \frac{N_1}{N_2}$$

在超外差收音机中，初次级匝数比一般取 10：1 左右。

磁棒的磁导率很高，当广播电台发射的高频已调波通过磁棒时，就有非常密集的磁力线穿过磁棒，使磁棒上的线圈感生出足够高的电动势送入回路。

2）拉杆天线

拉杆天线由于耦合形式不同，电压传输系数随频率变化而不同，收听效果也不同，一般分为直接耦合式天线、电容耦合式天线、电感耦合式天线与电感电容耦合式天线。

（1）直接耦合式天线。

拉杆天线直接与输入电路联接，即直接耦合式天线，如图 5.2-7（a）所示。天线与地之间形成一个大电容，它直接与输入电路联接，相当于在输入调谐回路两端并联了一个大电容，将使输入调谐回路处于失谐状态，选择性显著变差，许多高频端电台的信号无法收到。直接耦合式天线还将大大增加回路的损耗，影响输入电路正常工作。所以，通常都不采用直接耦合式天线。

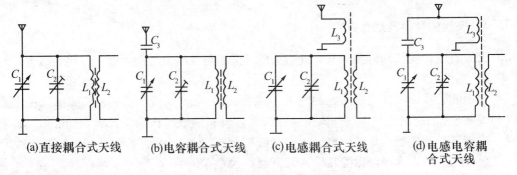

(a)直接耦合式天线　　(b)电容耦合式天线　　(c)电感耦合式天线　　(d)电感电容
　　　　　　　　　　　　　　　　　　　　　　　　　　　　　　　　合式天线

图 5.2-7　外接天线的耦合

（2）电容耦合式天线。

天线串上一个容量很小的电容 C_3，然后再与输入调谐回路联接，即电容耦合式天线，如图 5.2-7（b）所示。天线串上一个容量足够小的电容（几个皮法至几十个皮法），使总的等效电容大大减小，这样使高频端信号的收听效果有所改善，但是低频端信号的收听效果较差。从图 5.2-8 所示的电压传输特性曲线上可以看出，收听效果改善不明显。由于其结构简单，在普及型收音机中常用。

（3）电感耦合式天线。

拉杆天线串联一个 5 匝左右的线圈 L_3，L_3 与 L_1 绕在同一根磁棒上，天线接收到的高频信号，通过磁棒耦合到调谐回路，即电感耦合式天线，如图 5.2-7（c）所示。改变 L_1 与 L_3 之间的距离，可以改变电压传输系数。电感耦合式天线输入电路的特点是电压传输系数随频率升高而逐渐下降，即低频端信号收听效果较好，高频端信号收听效果改善不明显，从图 5.2-8 所示的电压传输特性曲线可以看出这一点。

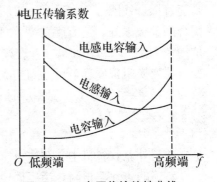

图 5.2-8　电压传输特性曲线

（4）电感电容耦合式天线。

拉杆天线通过电容 C_3 和电感 L_3 同时耦合到输入调谐回路，即电感电容耦合式天线，如图 5.2-7（d）所示。由于这两种耦合的共同作用，使得信号电压传输系数在整个波段范围内比较均匀，收听效果显著改善。这是收音机的优先输入方式，如图

5.2－8 所示。

5. 输入电路的主要参数

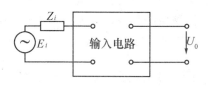

图 5.2－9　输入电路的电压传输网络

1）电压传输系数 K

输入电路的电压传输网络如图 5.2－9 所示，电压传输系数即

$$K = \frac{U_0}{E_i}$$

电压传输系数要尽可能大，以提高收音机的灵敏度。而且要在所接收波段内变化小，即要求 K 在所接收波段内平稳度要好，以便使收音机的灵敏度保持均匀。

2）选择性

选择性是指从天线接收到很多复杂信号中分出有用信号的能力。选择性好，在超外差收音机中对抑制相频干扰、中频干扰及其他干扰和提高信噪比是有利的。

根据谐振回路的特点可知，Q 值越高，选择性越好。但是电台发射的调幅波信号占有一定的频带宽度。Q 值越高，谐振曲线越尖锐，回路中的电流强度随信号的频率变化越剧烈，频率失真越严重。为了不产生显著的频率失真，要求谐振回路的通频带有足够的宽度。

输入电路的通频带是指谐振回路电流大于谐振电流 I_0 的 $\frac{1}{\sqrt{2}}$ 倍以上部分所对应的频带宽度。

在调谐回路中认为大于 I_0 的 $\frac{1}{\sqrt{2}}$ 倍以上的电流都能很好地通过。图 5.2－10 所示，是串联谐振曲线上确定的通频带。通过理论推导，其通频带为

$$B_{0.707} = \frac{f_0}{Q}$$

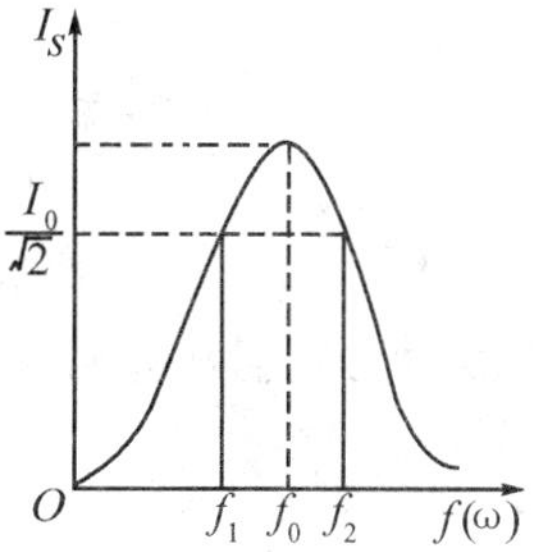

图 5.2－10　串联谐振回路的通频带

从选择性方面考虑，要求回路的 Q 值高一些，谐振曲线尖锐些；而从通频带考虑，希望 Q 值适当低一些，谐振曲线不要太尖锐。对于这一点，在超外差收音机输入电路中必须两者兼顾。一般情况 $Q = 50 \sim 80$ 即可。

3）波段覆盖

波段覆盖即收音机在某一波段内所能调谐到的频率范围，并要求所调谐到的每一频率都能达到传输系数和选择性等主要指标要求。波段覆盖常以覆盖系数 M 表示。其定义为波段中最高频率与最低频率之比，即

$$M = \frac{f_{\max}}{f_{\min}}$$

例如，中波段的最高频率为 1605kHz，最低频率为 535kHz，其波段覆盖系数为

$$M = \frac{1605}{535} = 3$$

因此，收音机的波段覆盖系数 $M = 3$，才能将高频端与低频端的电台包括在调谐范

围之内。收音机的每个波段的覆盖系数，一般也不大于 3。国家三级收音机标准规定，短波段的频率范围为 3.9MHz~18MHz，则其波段覆盖系数为

$$M = \frac{18}{3.9} \approx 4.6$$

M 值太大，设计制造都有困难，电台密集程度增加，使用也不方便。为此把收音机的短波段分成 2~3 个波段，短波Ⅰ为 3.9MHz~8.5MHz，短波Ⅱ为 8.5MHz~18MHz，波段覆盖系数都不大于 3。只有一个短波段的收音机，一般设计为 3.9MHz~12MHz 或 6MHz~18MHz，波段覆盖系数约为 3。当然在该频率范围以外的其他短波电台就收不到了。

6. 输入电路主要元件的选用

电感线圈是输入电路的主要元件之一，它与可变电容器组成串联谐振电路，其品质的好坏，直接影响输入电路的质量。

1）电感线圈的品质因数

电感线圈对交流信号而言，除表现出电感 L 的特性以外，还具有一定的损耗电阻 R，其串联等效电路可用图 5.2-11（a）表示。

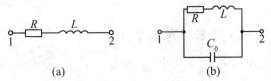

(a)   (b)

图 5.2-11 电感线圈的等效电路

电感线圈的品质因数是线圈的感抗与其串联损耗电阻之比，若以符号 Q_L 表示，则有

$$Q_L = \frac{\omega L}{R}$$

式中，ω 为工作角频率。Q_L 是一个比值，没有量纲。线圈的损耗电阻越小，其 Q_L 值越高；反之，损耗电阻越大，Q_L 值越低，线圈在电路中的感抗作用就越不明显。

在实际工作中，一般通过测量线圈的 Q_L 值来评定线圈的质量，而线圈的损耗电阻 R 很难直接测出。

2）电感线圈的集肤效应

电感线圈在交流信号的作用下，将产生集肤效应。所谓集肤效应是指随着工作频率的增高，流过导线的电流向导线表面集中这一现象。当工作频率很高时，导线中心部位几乎完全没有电流通过，其导电的有效面积较直流时大大减小。在这种情况下，线圈的电阻并不等于线圈导线在直流工作状态的电阻，而要比直流电阻大得多。工作频率越高，导线电阻 R 就越大。

对于一个线圈，在适当的频段内，可以近似认为 Q_L 是常数，不随频率改变。在超外差收音机中，工作信号频率高，由于集肤效应，造成线圈 Q_L 值下降。通常将电感线圈采用多股纱包线、多股丝包线及镀银铜线来绕制，其目的就是为了减少集肤效应的影响，以利提高线圈的 Q_L 值。

3）影响线圈 Q_L 值的其他因素

线圈的 Q_L 值还与线圈骨架的材料有关，频率较高时，线圈骨架会产生介质损耗，导致线圈的功率损耗增加，Q_L 值降低。所以目前线圈骨架均采用聚苯乙稀、高频陶瓷等材料制成，以减少损耗。

线圈两端加有信号电压时，匝与匝之间，都存在着电位差，这就要产生电场，积蓄电场能量，形成分布电容。同样，相邻两个线圈也能产生分布电容，线圈的分布电容会改变线圈的参数，以致降低线圈的品质因数和稳定性。考虑分布电容 C_0 时，电感线圈的等效电路如图 5.2－11（b）所示。所以，在生产工艺的制定中应尽量减小分布电容的数值，以减弱它的有害影响。

在输入电路中被普遍采用的磁棒的磁导率高，它可以提高绕制在它上面的线圈的 Q_L 值。

线圈的 Q_L 值与它在磁棒上的位置有关，一般放在 L/4 左右的地方，这里的 L 为磁棒的长度。当线圈在磁棒中心时，电感量最大，在磁棒上引起的损耗也相应增大，使 Q_L 值降低；当线圈远离磁棒中心靠近两端时，电感量虽然减小，但损耗却减小得更多，Q_L 值相应增大；若线圈继续外移至端点以外，Q_L 值便显著下降。为了尽量使线圈中心移向磁棒边缘，以提高线圈的 Q_L 值，常把调谐线圈分成两段，分别放在磁棒两端。

磁性天线线圈的接法，在超外差收音机中多采用图 5.2－12（b）所示的接线法。L 和 L_1 是同向绕制的，L 和 L_1 相邻的 2 端和 3 端交流接地，有隔离作用，1 端和 4 端之间的分布电容较小。这种接法与图 5.2－12（c）所示电路相比，整个波段灵敏度的均匀性较好，且工作稳定，Q_L 值也高，尤其对抑制相频干扰和防止中放自激有好处。

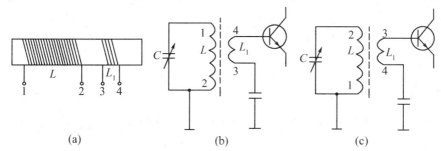

图 5.2－12　磁棒天线调谐线圈的接法

5.2.2　变频电路

1. 变频电路的作用和要求

1）变频电路的作用

变频电路是超外差收音机的关键部分，变频电路的质量对收音机的灵敏度和信噪比都有很大的影响，它把输入电路送来的广播电台的高频载波信号变成 455kHz 的中频载波信号。并且，三极管的集电极负载是个中频变压器（调谐回路），由它选出中频信号，再送到中频放大级去。

2）对变频电路的基本要求

（1）在变频过程中，原有的低频载波信号成分（信号的包络）不能有任何畸变，并且要有一定的变频增益。

（2）噪声系数非常小。由于变频电路处在整机的最前级，微弱的噪声经逐级放大后，会变得很大。还要求电路之间的相互干扰和影响要小。

（3）工作稳定，不能产生啸叫、停振、频率偏移等不稳定现象。

（4）本机振荡频率应始终保持比输入电路选择出的广播电台的高频信号频率高455kHz（一个中频）。

2. 变频

1）变频电路的基本组成

变频电路由本机振荡器、混频和选频回路（中频变压器）三部分组成。其方框图与各部分波形图如图 5.2－13 所示。用一只晶体管完成本机振荡和混频的电路叫做变频器。变频器也可以用两只晶体管分别完成本机振荡和混频，两者的工作原理是相同的。

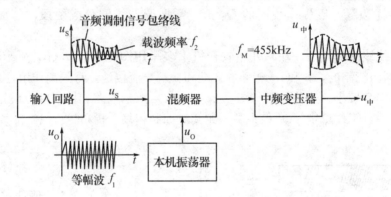

图 5.2－13　变频电路框图及工作波形图

2）变频原理

把本机振荡产生的高频等幅振荡信号 f_1，与输入电路选择出来的广播电台的高频已调波信号 f_2 同时加到非线性元件的输入端。由于元件的非线性作用（晶体管的非线性作用），在输出端除了输出原来输入的频率 f_1、f_2 的信号外，还将按照一定的规律，输出频率为 f_1+f_2、f_1-f_2 等的多种谐波信号。在设计电路时，使本机振荡的频率比外来高频信号的频率始终高出 455kHz。在输出端（集电极所接负载）采用调谐回路选频，并使回路的谐振频率为 455kHz，就可选出 f_M 送至下一级。

3. 本机振荡电路

本机振荡电路一般可分为：共基调发式振荡电路、共发调集式振荡电路、共发调基式振荡电路。

1）共基调发式振荡电路

共基调发式振荡电路如图 5.2－14 所示。它属于变压器耦合式振荡器，R_1、R_2、

R_3 组成分压式电流负反馈偏置电路。C_1 将基极交流接地，C_2 提供高频通路，并起隔直作用。R_3 为发射极电阻。L 和 C_3、C 组成谐振回路。L_1 是晶体管集电极交流负载。从线圈 L 上取得反馈电压，满足振荡条件。反馈电压从线圈 L 的 1、2 两点之间取得，以减小晶体管输入电阻对谐振回路的影响，提高回路的品质因数 Q。

2）共发调基式振荡电路

共发调基式振荡电路如图 5.2—15 所示。由 L_1 和 C_3 组成的振荡调谐回路串在基极电路中，发射极交流接地。反馈电压从线圈 L_1 的 1、2 两点之间取得，以减小晶体管输入电阻对谐振回路的影响，提高回路的品质因数 Q。

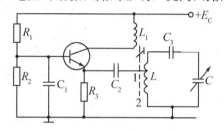 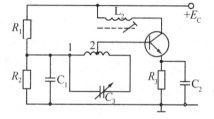

图 5.2—14　**共基调发式振荡电路**　　　　图 5.2—15　**共发调基式振荡电路**

此外，还有一种不常用的共发调集式振荡电路，这里不再赘述。

4．混频

根据本机振荡注入的方式，将混频器分为：发射极注入式、基极注入式和集电极注入式。如图 5.2—16 所示。

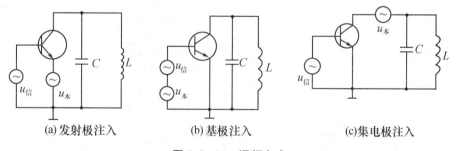

(a)发射极注入　　　　　(b)基极注入　　　　　(c)集电极注入

图 5.2—16　**混频方式**

利用晶体管的非线性作用，可以达到混频的目的。如果本机振荡信号 $u_本$ 由发射极注入，则振荡电路与所要接收信号电路牵连少，互不干扰，工作稳定，因此超外差收音机普遍采用发射极注入式混频电路。

由于非线性器件能产生新的频率。实现频率变换主要依靠非线性器件的作用。在收音机变频电路中普遍采用三极管作为非线性器件来完成频率变换。

5．收音机输入和变频电路设计实例

设计电路举例见图 5.2—17。

收音机的灵敏度和选择性有一定的矛盾，这又主要与输入级有关，为了同时满足尽可能高的灵敏度和足够的选择性，必须合理地选取输入电路中的 L_1 和 L_2 的匝数比。

例如，若满足灵敏度高的要求，则调谐回路阻抗必须和晶体管输入阻抗匹配，即满足下式：

$$\frac{N_2}{N_1} = \sqrt{\frac{R_i}{R_0}}$$

式中，N_1 为 L_1 线圈匝数，N_2 为 L_2 线圈匝数，R_i 为晶体管输入阻抗，R_0 为谐振阻抗。

但匹配时 N_2 匝数较多，使谐振回路损耗增加。Q 值下降，选择性变差。若为了保证较高的选择性，L_2 匝数 N_2 必须越少越好，但这时调谐回路阻抗与晶体管输入阻抗失配太大，灵敏度显著下降。为了照顾灵敏度和选择性的要求，$N_2/N_1 = 1/10$ 左右较为宜，一般 L_1 在 $60\sim80$ 匝之间，则 L_2 应在 $6\sim8$ 匝之间左右（中波段）。

从混频原理可知要求晶体管工作在非线性区，因此为满足混频的工作要求，工作电流 I_C 不宜太大，否则晶体管将工作在线性区，非线性作用消失，变频增益大为降低，若单独混频则一般选择 $I_C=0.3\text{mA}\sim0.5\text{mA}$ 这个范围。

从振荡电路的工作来讲，希望工作电流 I_C 大一些，增益高才容易起振，而当电源电压下降时也不易停振，无疑这是有益的，但工作点过高，使振荡过强，将使波形失真，引起咯咯的杂声，还会影响变频增益（下降），因此应适当选取工作点，一般 $I_C=0.5\text{mA}\sim0.8\text{mA}$，这是静态电流值，起振后电流将下降 $0.2\text{mA}\sim0.3\text{mA}$。

变频器中变频和振荡的工作均要兼顾，所以静态工作电流 $I_C=0.4\text{mA}\sim0.6\text{mA}$ 为宜。例如图 5.2－17 是收音机的输入电路和变频电路，图中 $U_e=0.6\text{V}\sim0.8\text{V}$。因此，

$$R_3 = \frac{0.6\text{V}}{0.4\text{mA}} = 1.5\text{k}\Omega。$$

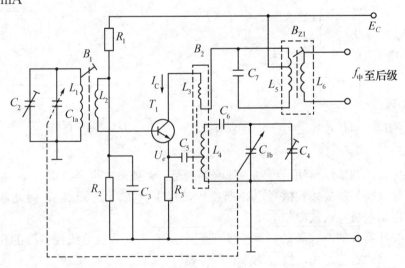

图 5.2－17　变频电路

图 5.2－17 中，L_1、L_2 和磁棒组成磁性天线，它与 C_{1a}、C_2 构成输入电路。L_1、C_{1a}、C_2 是输入谐振电路，用 C_{1a} 来调节谐振频率，使它对准要接收的电台信号频率。C_{1a} 是双连可变电容，与本机振荡回路中的 C_{1b} 是同轴的，便于同步调节频率，C_2 是半可变结构，以备跟踪时调整高频补偿用。L_2 是耦合线圈，将磁性天线 L_1 中感应的信号

电压送到变频级的基极回路。一般 L_2 的匝数比 L_1 少得多，例如为了接收中波（535kHz～1605kHz）信号，L_1 约为 60 匝，而 L_2 只有 12 匝。图 5.2－17 以晶体管 T_1 为中心所组成的是变频电路。同时完成本机振荡与混频的作用，若假设信号源电压（U_S）为零（设 L_2 短路），则是一个典型的共基调射正弦波振荡器。R_1、R_2 是基极直流偏置电阻，L_4 是耦合线圈，C_5 是耦合电容。C_3 是旁路电容，使交流短路接地。L_5 与 C_7 是谐振滤波器，滤波后的中频信号 455kHz 经 L_6 耦合送到中放级。BZ1 叫中周，B_2 叫振荡变压器，或俗称振荡线圈。

5.2.3　中频放大器

在上节中我们谈到，载波经过变频以后，由原来的频率变换成一个较低的频率，我们称它为"中频"。这个中频电压是比较低的，所以必须先进行放大，然后再进行解调（检波）。中频放大级就担负着放大中频电压的任务。

目前我国使用的中频为 455kHz。中频放大电路的耦合一般用中频变压器，也有的使用陶瓷滤波器和阻容耦合。

1. 单调谐中频放大电路

典型的中频放大电路中采用一个调谐回路的中频变压器，称单调谐中频放大电路。单调谐回路的特点是电路简单，调整方便，广泛应用于普及型收音机。

1）工作过程与原理

图 5.2－18 所示是超外差收音机第二中频放大电路。B_{Z2}、B_{Z3} 为中频变压器，采用单调谐回路，是一般收音机常用电路。

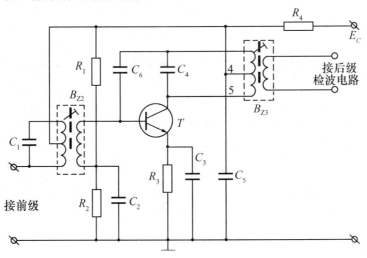

图 5.2－18　中频放大电路

图中 R_1、R_2 和 R_3 组成直流偏置电路；C_2、C_3 为旁路电容；C_5 的作用是旁路电源中的交流，并与 R_4 组成电源退耦电路；C_1、C_4 为 B_{Z2}、B_{Z3} 的谐振电容。两个并联谐振回路都调谐在中频 455kHz 上，两个谐振回路构成前级与本级三极管集电极负载。

C_6 为中和电容，它的作用主要是防止中频自激。

前级输出的中频信号经过 B_{Z2} 调谐回路的选择，将中频信号通过中频变压器 B_{Z2} 耦合到中放管 T 的 b、e 极之间。由于 C_5 的旁路作用，B_{Z3} 的 4 端为交流接地端。经中放管 T 放大的中频信号电压在 c、e 间输出，所以输出信号加到 B_{Z3} 的初级电路 5、4 两端。于是，在 B_{Z2} 回路选择中频信号电压的基础上又进一步加以中频选择，中频信号最后被耦合至检波电路，从而完成中频放大和选频作用。

2）选择性和通频带

进入中频放大电路的信号是调幅信号，在中频频率两侧各占一定频带的宽度。为了使放大后中频信号不失真，理想的情况是中频放大电路对输入的中频频谱成分有同样的放大作用，而对于中频频谱以外的干扰信号不予放大，这就要求谐振回路具有理想的选频曲线，如图 5.2-19 中矩形实线所示。这样即能有良好的选择性，又具有满意的通频带。图 5.2-20 为单调谐中频放大电路谐振曲线。从图中可见，电路的 Q 值越高，谐振阻抗越大，曲线越尖锐，中频输出电压也越大，选择性也就越好。但过于提高 Q 值，虽然增益高，选择性好，可是通频带变窄，输出电压随频率的变化衰减很大，造成频率失真严重，如图中 Q_{L2} 所示。

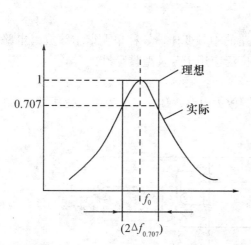

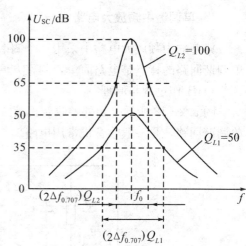

图 5.2-19　**中频放大电路的理想和实际的谐振曲线**　图 5.2-20　**单调谐中频放大电路的谐振曲线**

在使用单调谐中频放大电路时，一定要兼顾选择性和通频带，尽可能地改善谐振曲线的波形，使之趋于理想曲线的形状。

单调谐回路选择性的表示式为

$$A = \sqrt{1 + \left(Q_L \, \frac{2 \Delta f_{0.707}}{f_0} \right)^2}$$

通频带为

$$B_{0.707} = \frac{f_0}{Q_L}$$

3）增益

中频放大电路的增益在很大程度上决定整机灵敏度。

为了便于说明问题，对图 5.2-18 所示电路加以简化，得其交流等效电路，如图

5.2－21 所示。直流电源 E_c 和电容 C_1、C_3、C_5 对中频信号的交流阻抗很小，可视为短路，于是 R_1、R_2、R_3 可以忽略。三极管 T 的 C_{bc} 很小，忽略不计，C_6 也忽略不计。

利用三极管混合 π 型等效电路，将图 5.2－21 的输出电路进一步简化为图 5.2－22。图中 R_C 为三极管的输出电阻，R_L 为谐振回路在 4、5 端呈现的阻抗（此阻抗应计入后级输入阻抗 R_i 的影响）。于是可求出当谐振时的集电极对基极的电压放大倍数为

$$A_v = \frac{U_{sc}}{U_i} \approx \frac{U_{sc}}{U_{be}} = G_m \frac{R_C \cdot R_L}{R_C + R_L}$$

式中 G_m 为电流源内电导。

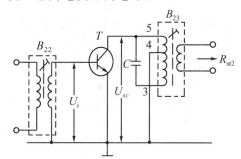
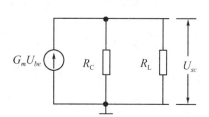

图 5.2－21　单调谐中频放大电路的交流 　　图 5.2－22　中频放大电路输出部分
　　　　　　　等效电路　　　　　　　　　　　　　　　　的等效电路

一般情况下，中频放大电路的输出电阻 R_C 约为数十千欧，而 R_L 在 $10k\Omega$ 左右；当三极管电流 I_C 为 $1mA$，G_m 为 $0.03S\sim0.04S$ 时，电压放大倍数 A_v 约为 $45dB$。考虑 B_{Z3} 变压器的损耗，从基极到 B_{Z3} 的次级，总的电压放大倍数约为 $40dB$。

2. 多级中频放大电路

通常超外差收音机一级中频放大电路，能得到 $30dB\sim40dB$ 的增益，而普及型收音机要求中频放大电路至少要有 $60dB$ 的稳定增益，才能满足整机灵敏度的要求。故收音机常常采用多级中频放大电路，一般收音机设有二级到三级中频放大电路，简易超外差收音机也有采用一级中频放大电路的。

这里谈谈二级中频放大电路的增益分配和工作状态的选择：

（1）增益的分配。

一般收音机采用二级中频放大电路，其功率增益控制在 $60dB$ 左右。第一级中频放大电路常常是自动增益控制的受控级，同时为防止第二级中频放大电路输入信号过强而引起失真，所以第一级中频放大电路增益取得小一些，为 $25dB$ 左右。第二级中频放大电路一般不加自动增益控制，为了满足检波电路对输入信号电平的要求，第二级中频放大电路的增益应尽可能大些，为 $35dB$ 左右。

（2）工作状态的选择。

二级中频放大电路，其工作状态的确定需考虑到不同的需要。图 5.2－23 所示为中频放大电路功率增益 A_P 与集电极电流 I_{C0} 的关系曲线。由图可见，随 I_{C0} 增大，中频放大增益大幅度增加，但 I_{C0} 大于 $1mA$ 以后，曲线就变得较为平坦，增益随 I_{C0} 增大的趋势就越来越不明显。为了便于自动增益控制，应使增益随 I_{C0} 的变化越明显越好。即 I_{C0}

稍有变化，A_P 就有很大变化。因而应取曲线最陡峭的一段，即要选第一中频放大管的集电极电流 I_{C1} 在 $0.3\mathrm{mA} \sim 0.6\mathrm{mA}$。第二中频放大电路的输入信号较大，故必须使第二中放管工作在线性区，以得到最大增益而又不发生饱和现象，一般选 I_{C2} 在 $1\mathrm{mA}$。

普及型收音机二级中频放大电路所用的三只中频变压器一般都采用单调谐回路。

在高级收音机中通常采用两级双调谐中频变压器，一级单调谐中频变压器。中频放大电路的选择性主要由一、二级中频变压器决定，所以采用双调谐回路；为了减小损耗，提高电压传输系数，第三级采用单调谐回路。

现在有一些超外差收音机中常用到一种陶瓷滤波器，外形如图 5.2−24 中（a）和（b），好像一个小型电容器，在电路中电气符号分别如（c）、（d）所示。按其极性来区分，有双端式滤波器、三端式滤波器。

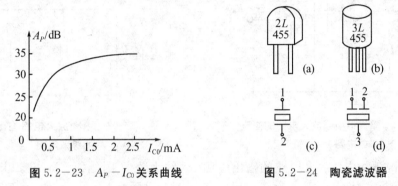

图 5.2−23　$A_P - I_{C0}$ 关系曲线　　　图 5.2−24　陶瓷滤波器

在图 5.2−25 中，接有三端式滤波器，它相当于一只双调谐中频变压器，它的通频带为 $11\mathrm{kHz}$。接入以后，增益将减小 $0.45\mathrm{dB}$，称为插入损耗。

这种耦合方式在电路上可等效为一个变压器 B。变压器的变比 n 决定于输入电极和输出电极的面积比，并有

$$n \approx \sqrt{\frac{C_{01}}{C_{02}}}$$

三端陶瓷滤波器在中频放大电路中可以代替中频变压器。

3. 中频变压器

中频变压器通常称中周，它是超外差收音机的重要元件，在电路中起选频和阻抗变换的作用。

1）中频变压器选频作用原理

图 5.2−26 所示是中频变压器电路图。中频变压器的初级与电容组成 LC 并联谐振回路，利用并联谐振的特点完成选频作用。回路对谐振频率信号（即中频）呈现的阻抗很大，对非谐振频率的信号呈现的阻抗较小，所以中频信号通过中频变压器时，产生很大的中频信号压降，并由中频变压器的次级耦合到下一级，而其他非谐振频率信号则被短路入地，无法耦合到下一级去，这样就完成了选频任务。变频电路所讲述的集电极负载就是中频变压器，用它选出有用的 $455\mathrm{kHz}$ 中频信号。

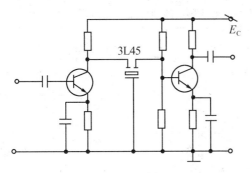

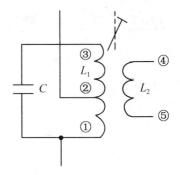

图 5.2－25　三端陶瓷滤波器中频放大电路　　　图 5.2－26　中频变压器电路

2）中频变压器的阻抗变换

变频电路与第一中频放大电路之间、第一中频放大电路与第二中频放大电路之间是靠中频变压器来耦合的，它利用变压器阻抗变换的原理，实现前后级之间的阻抗匹配，从而使中频放大电路获得较大的功率增益。

由于下一级三极管的输入阻抗比前级的输出阻抗低得多，所以变压器次级线圈匝数比初级少得多，以实现级间的阻抗变换，得到最大的输出功率。同时，中频变压器的谐振阻抗较高，而三极管输出阻抗较低，若将中频变压器谐振回路①、③两端接入三极管输出电路，将会过多地降低谐振回路的 Q 值，使选择性变差。因此一般都采用部分接入法，即将谐振回路①、②二端接入三极管输出电路，以达到使三极管输出阻抗与回路阻抗相匹配的目的。

3）小型中频变压器数据

小型中频变压器数据如表 5.2－2 和表 5.2－3 所示。

表 5.2－2　几种国产中频变压器参数列表一

型号	色标	外形尺寸/mm	主要电参数					
			中频频率/kHz	频率可调范围/kHz	空载 Q 值	有载 Q 值	初、次级阻抗比（Ω∶Ω）	电压传输系数(倍)
TTF－2－1	白	10×10×13	455±2	455±10	≥80	35(±15％)	30k∶1k	5～7
TTF－2－2	红						30k∶1k	4～5
TTF－2－9	绿						30k∶2.5k	1.7～2.2
TTF－2－7	白				≥80		30k∶1.5k	6～8.5
TTF－2－8	黄				≥80			
MTF－2－1	白				≥80		30k∶1.5k	6～8.5
MTF－2－2	红							

表 5.2-3 几种国产中频变压器参数列表二

型号	通频带/kHz	选择性±10/kHz	谐振电容/pF	初级匝数	次级匝数	采用线料
TTF-2-1	≥6.5	≥7		3~1=162；3~2=45	4~6=7	初、次级全部采用直径0.8mmQAN型聚脂-聚胺脂自粘自焊高强度漆包圆铜线
TTF-2-2	≥8	≥5.5	200	3~1=162；3~2=45	4~6=10	
TTF-2-9	≥11.5	≥2		3~1=162；3~2=48	4~6=25	
TTF-2-7	≥5.5	≥14	330	3~1=120；3~2=50		
TTF-2-8				3~1=113；3~2=7		
MTF-2-1	≥7	≥10	1000	3~1=73	4~6=1	
MTF-2-2				1~6=61.5	4~3=13.5	

5.2.4 检波与自动增益控制电路

1. 检波器及其性能指标

1）检波器

在调幅广播中，幅度调制是使载波信号电压的振幅随音频调制信号而变化。从振幅受到调制的载波信号中取出原来的音频调制信号的过程叫做检波，也叫解调。完成检波作用的电路叫做检波电路，通常称检波器，是收音机不可缺少的一部分。

可以看出，检波正好与调制过程相反，是一个解调过程。超外差收音机中频放大电路的输出信号的波形关系见图 5.2-27。若输入信号是中频等幅波，则输出是直流电压，如图 5.2-27 （a）所示；若输入信号是中频调幅波，则输出就是原调制信号，如图 5.2-27 （b）所示。

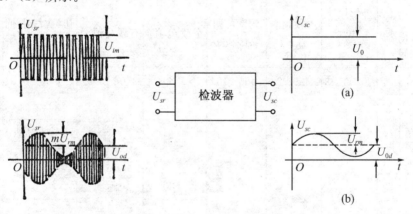

图 5.2-27 检波器的工作波形

检波过程的原理是应用非线性器件进行频率变换，即产生许多新频率。就产生新频率而言，检波器与混频器（或变频器）的原理是相同的。检波后通过滤波器滤除无用的频率信号分量，最后还原出音频信号。

一般检波器由非线性器件和低通滤波器两部分组成，如图 5.2－28 所示。非线性器件通常采用晶体二极管或三极管，它们工作于非线性状态，利用非线性畸变产生包括音频调制信号在内的许多新频率。低通滤波器通常用 RC 电路，它输出原音频调制信号，滤除中频分量。

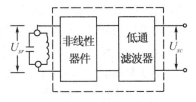

图 5.2－28　检波器的组成

根据所用器件的不同，检波器可分为二极管检波器和三极管检波器；根据非线性器件联接方式的不同，又可分为串联式检波器和并联式检波器；根据检波器输入信号大小的不同，可分为小信号检波器和大信号检波器。

晶体二极管具有单向导电性，是一种典型的非线性器件。二极管检波器与三极管检波器相比较，具有检波失真小，便于加入自动增益控制电路等优点。其缺点是效率低，一般其插入损耗为 15dB～25dB。超外差收音机整机增益可以设计得很高，为了降低检波失真，改善音质，通常都采用串联式二极管检波器。

2）检波器的性能指标

（1）电压传输系数。

电压传输系数又称检波效率。它是指检波器输出音频电压和输入中频电压振幅之比，用 K 表示。

对 5.2－27（a）

$$K=\frac{U_o}{U_{im}}$$

式中，U_o 为检波器输出的直流电压；U_{im} 为检波器输入的中频电压的振幅。

对于图 5.2－27（b）

$$K=\frac{U_o}{U_i}=\frac{U_m}{mU_{im}}$$

式中，U_m 为输出端音频电压的振幅；mU_{im} 为输入端中频电压包络线变化的最大振幅；m 为调幅系数。

K 值的大小表明检波器在输入同样的中频调幅信号时，可能获得音频电压的能力。K 值大，可得到的音频电压也高，即检波效率也高。晶体二极管检波器的 K 值总是小于 1，通常希望 K 尽量接近于 1。

（2）失真。

由于检波过程是一个非线性频率变换过程，所以必然会产生失真。检波失真分非线性失真和频率失真。

① 非线性失真。非线性失真的大小，一般用非线性失真系数 X 来表示，即

$$X=\frac{\sqrt{U_{2o}^2+U_{3o}^2+\cdots}}{U_o}$$

式中，U_o、U_{2o}、U_{3o} 为输出音频的基波、二次谐波、三次谐波的有效值。

引起检波器非线性失真的原因有：二极管伏安特性的非线性，时间常数 $R_{fz}C_{fz}$ 过大，检波器交直流负载相差过大等因素。

② 频率失真。由于二极管检波器存在电抗元件，如负载电容和下级低频放大电路

的耦合电容等因素造成频率失真。检波器的频率失真用它的输出频率特性来表示，输出频率特性曲线给出了输出音频电压与其频带的关系，如图 5.2-29 所示。图中，ω_{min}、ω_{max} 分别代表输出下降 3dB 时的最低和最高音频角频率。

（3）低通滤波器的滤波系数。

检波器输出电压中除有所需要的音频信号以外，还有许多其他频率分量，最主要的是中频分量。为避免产生寄生反馈，应尽量滤掉中频分量。要把中频分量完全滤掉是有困难的，所以通常用滤波系数 F 来衡量滤波质量。滤波系数的定义为：

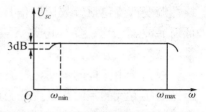

图 5.2-29　检波器输出的频率特性曲线

$$F = \frac{U_{im}}{U'_{im}}$$

式中，U_{im} 为输入中频电压的振幅，U'_{im} 为输出残余中频电压的振幅。

在输入中频电压一定的情况下，滤波系数 F 越大，则表明检波器输出端的残余中频电压越小。检波器输入的中频电压频率和输出的音频电压频率相差很远，通常 F 都可达到 50～100。

2. 二极管大信号检波器

当输入检波器的中频调幅信号电压大于 0.3V 时称为大信号检波。二极管大信号检波又叫直线性检波。它利用二极管的单向导电特性以及二极管负载 R_L、C_{fz} 的充放电进行检波，其工作过程与结构都和整流器相似，区别在于整流器是把交流电压变为直流电压，而检波器则是从中频调幅信号中取出音频信号。

二极管大信号检波的特点是检波器输入信号的幅度较大，其输入信号的峰值工作在二极管正伏安特性曲线的直线部分，使输出电流音频成分的幅度变化与输入电压的幅度变化保持线性关系。

二极管大信号检波器的工作过程和原理如下。

图 5.2-30（a）所示是二极管大信号检波电路原理图。中频调幅信号经中频变压器 B_{Z3} 耦合至检波器的输入端。当输入电压 U_i 为正半周且其幅度大于电容 C_{fz} 两端电压时，二极管 D 处于正偏置而导通。这时流过二极管 D 的电流 i_d 主要取决于二极管的正向电阻 R_d。i_d 分为两路，一路 i_R 流向电阻 R_L，另一路 i_C 对电容 C_{fz} 充电。由于二极管

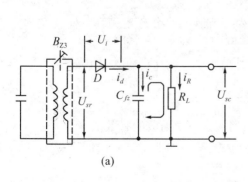

(a)

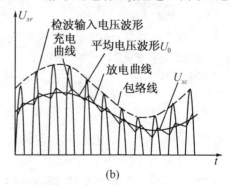

(b)

图 5.2-30　二极管大信号检波电路及电压波形

D 处于正向偏置，内阻 $R_d \leqslant R_L$，时间常数 $R_d C$ 很小，则电容 C_{fz} 上的电压很快上升至接近输入电压 U_i 的峰值。从图可见，C_{fz} 上的电压也就是检波器的输出电压 U_x。当输入电压 U_i 下降时，只要它小于输出电压 U_x，二极管 D 就处于反向偏置而截止。于是电容 C_{fz} 向 R_L 放电，放电电流为 i_R，放电的速度由时间常数 $R_L C_{fz}$ 决定。如 $R_L C_{fz}$ 足够大，则在二极管截止期间，电容 C_{fz} 上的电压下降很少。当输入信号的第二个周期正半周来到且 U_i 超过 C_{fz} 上的电压 U_x，二极管又导通，对 C_{fz} 再次充电，U_x 上升，如此周而复始，形成锯齿波输出电压。再将其中的中频及高次谐波成分滤除，就可得到检波输出电压即平均电压 U_o，如图 5.2-30（b）所示。

由上面分析可知，只要适当地选择检波器时间常数 $R_L C_{fz}$，使负载两端电压随着 U_i 的幅度而变化，即 U_i 增大时，U_o 也增大；U_i 减小时，U_o 也相应减小。这样检波器的输出电压波形就和调幅波的包络线相似，从而达到检波（解调）的目的。

从图 5.2-30（b）可见，R_d 越小，充电时间越短，R_L 越大，放电时间越长。这将使二极管的导通时间缩短，平均电压波形更接近于检波输入电压的包络线，大信号检波时，二极管不是工作在零偏压状态，其检波输出电流在负载电阻 R_L 上产生电压降，使二极管处于反向偏压工作状态，实现二极管的自给偏压功能。检波器自给反向偏压的大小与输入信号的强弱及负载电阻 R_L 的大小有关。还可利用这个电压来实现电路的自动增益控制作用。

图 5.2-31 所示是一般超外差收音机典型实用检波电路。收音机变频电路产生的中频调幅信号经过中频放大后，耦合至检波器的输入信号可达 0.5V 左右。所以这是二极管大信号式检波器。

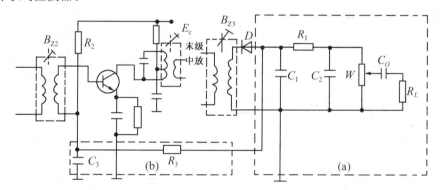

图 5.2-31　实用检波电路

中频调幅信号通过中频变压器 B_{Z3} 的耦合至检波器的输入端。D 是检波二极管，C_1、R_1、C_2、W 和低频放大电路输入电阻 R_L 组成检波器负载。这里，W 是音量控制电位器，它与 R_1 串联作为检波器的负载电阻 R_L'，C_1 和 C_2 相当于负载电容，其作用是滤去中频分量，取出音频信号，并通过音量控制电位器 W 传送给低频放大电路。

C_1、R_1 和 C_2 构成 π 型低通滤波电路，这种电路不仅可以有效地滤掉中频分量，而且可以提高检波器的交流负载阻抗，减小负峰切割失真。因而该电路在收音机检波电路中被普遍采用。

C_3 和 R_3 组成自动增益控制的滤波电路，R_3 和 R_2 除用来确定受控电路的直流工作点外，也是供给二极管固定偏压的分压电阻，给二极管一个起始电压，避免检波器的输入信号太小而工作在二极管死区引起波形失真。

3. 检波器常用元件

（1）检波二极管。

检波二极管是检波器的主要元件，它影响检波器的电压传输系数和失真等主要性能指标。应选择正向电阻小、反向电阻大的晶体二极管作检波管，一般正向电阻要求在 300Ω 以下，反向电阻在 $500k\Omega$ 以上。其次希望二极管的结电容要小。点接触型锗二极管具有以上特点，经常采用的有 2AP1～2AP30 或 2AK 型开关管。硅二极管的正向导通电压在 $0.7V$ 左右，小于其值时，内阻很大，所以不用硅二极管作检波管。

（2）负载电阻和负载电容。

检波器负载元件 R'_L 和 C_1、C_2 选择不当也影响检波器的性能指标，主要是引起失真。在图 5.2－31 所示检波电路中，通常电阻 R_1 选用 510Ω；电容 C_1 和 C_2 选用 $0.01\mu F$ 的瓷片电容器或金属化电容器；电位器 W 选用 $4.7k\Omega$ 或 $5.1k\Omega$ 碳膜电位器。

（3）耦合电容。

作为隔直流耦合电容器 C_o，要求它对低频的容抗远小于下一级的输入阻抗。一般选用 $5\mu F$～$20\mu F$ 的电解电容器。

4. 自动增益控制电路

自动增益控制电路简称 AGC 电路。它的作用是，当输入信号电压变化很大时，保持收音机输出功率几乎不变。

收音机的各级增益都是为接收一定的微弱信号而设计的。但实际接收的各种信号电压差异很大，外来信号的范围在几微伏至数百毫伏之间。在接收弱信号时，希望收音机有较大的增益；而接收强信号时，希望收音机增益小一些。为了使两种情况下收音机输出功率的变化范围尽量小一些，为此可以设计自动增益控制电路。

1）自动增益控制的原理

对自动增益控制的要求是：在输入信号很弱时，自动增益控制不起作用，收音机的增益最大；而当输入信号很强时，自动增益参与控制，使收音机的增益减小。这样，当信号电磁场强度变化而引起输入信号强弱变化时，收音机的输出功率可以保持基本不变。

为了实现自动增益控制，必须有一个随输入信号强弱而变化的电压（或电流），利用这个电压（或电流）去控制收音机的增益。通常从检波器可以得到这个控制电压。检波器的输出电压除有音频信号外，还含有直流分量。其直流分量的幅值与检波器的输入信号载波振幅成正比，也就是与所接收的外来信号电磁场强度成正比。在检波器的输出端接一 RC 低通滤波器，就可获得其直流分量，即所需的控制电压。图 5.2－32 中 R_f 和 C_f 组成低通滤波器。通常称 R_fC_f 为低通滤波器的时间常数，用 τ 来表示。在超外差收音机中，中频放大电路承担了整机的大部分增益，可以把中频放大电路作为自动增益控制电压的受控级，通过控制中频放大增益，达到控制整机输出功率的目的。

检波器输出的音频电压一路经低频放大后送到扬声器，另一路经 R_f、C_f 组成的低通滤波器后获得其直流分量的电压——AGC 电压。把 AGC 电压送至中频放大电路，以控制中频放大电路的增益。

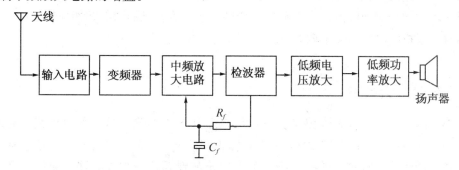

图 5.2−32　具有 AGC 的收音机方框图

2）自动增益控制的控制方式

实现自动增益控制有许多控制方法，如通过改变受控级三极管的工作点，达到增益控制；有的改变受控级的负载电阻，达到增益控制；也有的改变受控级与其他级之间的耦合度，达到增益控制。

超外差收音机通常采用的自动增益控制电路是反向 AGC 电路，该电路又称基极电流控制电路。这种电路通过改变中放电路三极管的工作点，达到自动增益控制的目的，电路如图 5.2−33 所示。

假设从检波器得到的 AGC 电压为负极性（可以通过检波二极管的安装方向来满足这一极性），此电压经 R_3 加到中放管 T 的基极。当输入信号越高时，AGC 电压就会越低，通过改变基极－发射极电压使正向偏置减小，基极电流 I_b 减小，则增益下降。反之 AGC 电压高，基极电流 I_b 加大，则

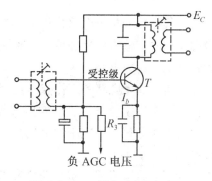

图 5.2−33　反向 AGC 电路

增益上升，达到增益控制的目的。通过检波器输出 AGC 电压增大（或减小），而使受控级增益降低（或提高），这就是反向 AGC 名称的由来。

为了获得较好的自动增益控制效果，必须合理地选择受控级三极管的工作点。在有自动增益控制的电路中，工作点是随输入信号大小而移动的，为了提高控制效果，应把工作点选在输入特性曲线弯曲、输出特性曲线间隔变化较大的部分，可参见图 5.2−23。一般受控管的静态集电极电流选在 0.3mA～0.6mA 之间。工作点过低，增益太小；工作点太高，控制效果又不明显。确定工作点要兼顾增益和控制效果两方面的要求。

此外，受控管通常是以 NPN 型来选择 AGC 电压的极性。其检波管的接法，决定检波后直流分量的方向。注意避免电路接成正反馈而引起啸叫。

3）自动增益控制电路的时间常数选择

在自动增益控制电路中，正确选择低通滤波器的时间常数 τ 是很重要的。τ 值过

大，自动增益控制电路的反应速度慢，跟不上外来信号的强弱变化，产生选择电台时易漏掉强信号电台旁的弱信号电台，甚至会使自动增益控制失控；若 τ 值太小，滤波不干净，会引起接收信号的反调制作用。所谓反调制作用就是在已调制电压的峰点，收音机的增益却相应地降低；在已调制电压的谷点，收音机的增益却相应地增加。

通常收音机的时间常数 τ 取 $0.02\text{s} \sim 0.2\text{s}$。

5.2.5 低频放大电路

超外差收音机低频放大电路是指从检波以后到扬声器输出这一部分电路。它通常包括低频小信号放大电路和低频功率放大电路两部分。在高档收音机中，还包括音调控制电路。低频放大电路的任务是把检波器输出的音频信号放大，输出足够的音频功率去推动扬声器。故低频在这里专指音频之意。

在收音机中，低频放大电路的质量直接关系到还原的音质，因此要求低频放大电路失真要小，尽量达到高保真；要有足够的输出功率，以推动扬声器放声。

1. 低频小信号放大电路

低频小信号放大电路将检波器输出的微弱信号进行放大，用来推动低频功率放大电路工作。其输入信号和输出信号的幅度较小，属于小信号放大，所以常称为前置放大器或电压放大电路。

小信号放大电路的工作点可选择在 T_4 管的输入特性曲线的线性部分，因此它的非线性失真小，主要关心的是如何获得较高的放大倍数，并使其工作点稳定。这一部分电路的工作原理在《电工学》的放大器部分和《模拟电子技术》中有详尽的分析和设计举例，这里不再赘述。

随着对收音机的音质和功率要求的提高，低频电压放大电路常采用多级放大电路，各级间的耦合也有多种形式，如阻容耦合、直接耦合等，以下介绍多级放大电路的电源退耦原理。

在电压放大电路中，三极管基极电流和发射极电流中都包含有直流和交流两种成分，当交流成分通过电源 E_C 时，由于 E_C 存在一定的内阻，会造成电源电压随交流信号而变化。对于多级放大电路，交流信号通过电源 E_C，不仅会引起电源电压的不断变化，并有可能将后级的交流信号反馈给前级，导致各级放大电路之间的相互干扰，严重时会形成正反馈而产生啸叫，导致收音机不能正常工作。为了消除这种有害的耦合，通常在各级放大电路之间加"退耦电路"。图 5.2-40 中，C_1 和 R_1，C_2 和 R_2 就是退耦电路。C_1、C_2 分别为本级交流信号构成通路，从而避免了有害的耦合。对于低频放大电路，退耦电容常采用 $100\mu\text{F} \sim 200\mu\text{F}$ 的电解电容器，退耦电阻一般取 100Ω 左右。退耦电阻过小，退耦作用差；退耦电阻过大，电压降相应增加，应根据需要适当选择。另外，在共发射极放大电路中相邻两级的集电极电流相位相反，可以相互抵消，故每两级放大电路加一组退耦电路，就可得到良好的退耦效果。

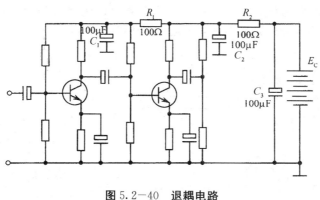

图 5.2-40 退耦电路

2. 低频功率放大电路

在超外差收音机中的功率放大器是用来推动扬声器放音的，是一种大信号放大电路，与低频电压放大电路相比较，在功率输出、失真、耗电等方面都具有自己的特点。

功率放大电路按电路结构形式可分为单管功率放大电路和推挽功率放大电路，按功放管的工作状态分为甲类功率放大电路和甲乙类功率放大电路。

收音机对功率放大器的具体要求是：

（1）要求输出功率尽可能大。为了获得大的功率输出，就要求功放管的电压和电流都有足够大的输出幅度，因此晶体管往往在接近极限运用状态下工作。

（2）效率要高。晶体管输出功率大，因此直流电源消耗的功率也大，这就存在一个效率问题，就是把直流电能转换为信号电能的效率要高。这对于便携式收音机而言更为重要。

（3）非线性失真要小。功率放大器是在大信号下工作，所以不可避免地会产生非线性失真，而且同一功放管输出功率越大，非线性失真往往越严重，这就使输出功率与非线性失真成为一对主要矛盾。但是，在收音机中对非线性失真的要求不如家庭影院等系统中要求那么高。

图 5.2-1 电路中采用的是工作在甲乙类状态的 OTL 功率放大器。关于功率放大器的工作原理与设计，也请读者参阅《模拟电子技术》中的相关章节。

至此，一台经济实用的七管机就设计完工了，大家可以根据有关设计原则和计算方法，对图 5.2-1 所给出的元件参数进行核算，以加深对理论的理解和体会。

5.3 CXA 1191 AM/FM 超外差收音机的工作原理

5.3.1 CXA 1191 收音机概述

1. CXA 1191 AM/FM 超外差收音机电路原理图介绍

CXA 1191 AM/FM 超外差收音机是我们在电子工艺实习中采用的产品级收音机，

它由一只单片式收音机专用集成电路 CXA 1191M 和一些外围零部件组成，其电路原理见图 5.3－1。其核心器件是集成电路 CXA 1191M。

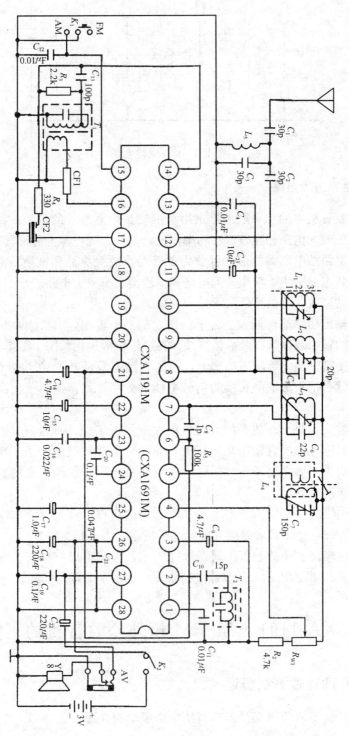

图 5.3－1 CXA 1191 AM/FM 超外差收音机电路原理图

CXA 1191 AM/FM 超外差收音机的外围元件及其主要功能：

集成电路左上方的引脚 13 和引脚 11，是接地引脚，直接接在地线上。

引脚 12 上接入的 C_1、C_2、C_3、L_5 构成 $f \geqslant 80\text{MHz}$ 的高通滤波器。

引脚 10 接的 L_1 就是磁棒天线，L_1 上并联有一只可调电容器（收音机专用的四联可调电容器）构成 AM 的天线谐振回路；这个可调电容器的另外三联分别并联在 L_2、L_3 和 L_4 上，分别构成 4 个谐振回路，任务是选择电台。调节四联可变电容，就可收到不同电台的广播信号。

引脚 9 接的 L_2 和它上面所并联的一只可调电容器是 FM 波段的天线谐振回路，其上还并接有一只辅助电容 C_5。

引脚 8 是集成电路内置的稳压电路，它将 3V 的电压转变为 1.2V，供给各高频电路使用，上面有 C_4 和 C_{23} 作为该稳压电源的平波电容。

引脚 7 接的 L_3 和并联其上的可变电容是 FM 本机振荡器的谐振回路，振荡频率由这个并联电路决定，其上还并联有一只辅助电容 C_6。

接在引脚 6 的 C_8 是 FM 本机振荡器的稳频电容，R_5 是 AFC 反馈电阻。

引脚 5 所接 L_4 和并联其上的可变电容是 AM 波段的本机振荡器谐振回路，振荡频率由这个并联电路决定，其上还接有一只垫整电容 C_7。

接在引脚 4 的电位器 R_{W1} 可以调节引脚 4 的直流电压，起到电子音量调节的作用，它的上端接入 1.2V 直流电压，下端通过 R_2 接地，R_2 起到限制引脚 4 电压过低的作用。

引脚 3 接的电解电容 C_9 是低频放大电路的交流旁路电容。

引脚 2 所接 C_{10} 和 T_2 为 FM 鉴频器的中频滤波器。

引脚 1 接的 C_{11} 是低频放大器的静噪抗干扰电容。

引脚 14 所接的 C_{13}、R_3 和 T_1 是 AM 波段的中频滤波器。

引脚 15 所接的拨动开关是波段切换开关。

引脚 16 所接的 CF1 是 455kHz 的三端陶瓷滤波器。

引脚 17 所接的 CF2 和 R_4 是 10.7MHz 的三端陶瓷滤波器。

引脚 18、19、20 都可直接接到地线上。

引脚 21 所接 C_{14} 是 AFC 的时间常数电容器。

引脚 22 所接的 C_{15} 是 AGC 的时间常数电容器。

引脚 23 所接的 C_{16} 是高频旁路电容。

引脚 24 所接的 C_{20} 是将有用的音频信号传送到引脚 24 去的耦合电容。

引脚 25 脚所接的 C_{17} 是低频放大电路的交流旁路电容。

引脚 26 所接 C_{18} 和 C_{21} 都是 3V 直流电源的平波电容，通过 K_2 的控制后接到 3V 直流电源（电池）的正极。

引脚 27 所接的 C_{19} 是 OTL 输出端的交流旁路电容，C_{22} 是 OTL 输出端的耦合电容，负责将音频信号传送到扬声器，扬声器通过耳塞插座 AV 后再接到引脚 27，当耳机插入后该插座会自动断开扬声器。

引脚 28 是功放的地线，直接与电池的负极相连。

2. 单片式收音机专用集成电路CXA 1191内部功能框图介绍

所谓单片式收音机专用集成电路，就是将收音机所有功能框中起主要作用的三极管、二极管全部集成到一个集成块中，其外围只需接入不便集成的电容器、电感、可调节零件和极少量的电阻。由此，整机具有结构紧凑，稳定性好，工作寿命长，安装、调试难度不高等特点。从集成电路厂商提供的内部功能框图（图5.3－2）中可以看出，集成电路内部具有 AM 和 FM 所需的所有功能框。

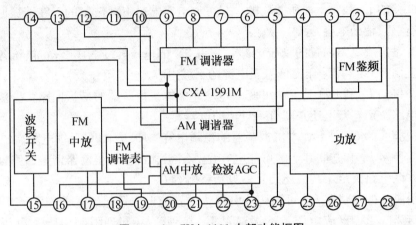

图 5.3－2　CXA 1191 内部功能框图

5.3.2　AM 部分工作原理分析

1. AM 部分原理框图分析

图 5.3－2 显示了集成电路内 AM 部分的功能框图，功能包括：AM 调谐器、AM 中放、检波、AGC 和功放。它们按信号流程的连接顺序见图 5.3－3。

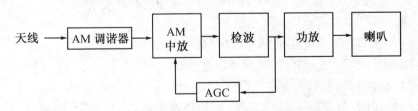

图 5.3－3　CXA 1191 集成电路内 AM 部分功能框图

1）AM 调谐器功能框

从前述对原理的分析中可以看出，这里的 AM 调谐器包括混频器和本机振荡器两部分，总体功能就是将天线收到的高频载波信号，根据 $f_{本} - f_{信} = f_{中}$ 公式变频为中频的载波信号 $f_{中}$，以便进行中频放大。

2）AM 中放功能框

这就是在收音机原理中分析的中频放大器，在此中频放大器设有二级放大器。由于天线收到的信号很弱，经变频后的信号也非常微弱，中放的任务就是要对这个信号进行多级电压放大，将信号的电压放大到足够的高度，满足检波器对信号幅度的要求，也可对检波器带来的插入损耗进行有效的补偿。

3）检波器功能框

检波器的任务就是将中频载波信号滤除，只留下音频信号，并且将音频信号送到后续放大器中再进行处理。

4）AGC 功能框

AGC 电路是自动增益控制电路。它的作用是在放大电路中引入深度的负反馈，自动地控制放大倍数，在输入信号很弱时，自动增益控制起不到旁路作用，收音机的增益最大；当输入信号很强时，自动增益进行控制，使收音机的增益减小，从而达到在输入信号电压变化很大时，保持收音机输出功率几乎不变的目的。

5）功放功能框

这个部分是与 FM 共用的放大器部分，其内部包含低（音）频电压放大和功率放大两部分，任务是将检波器送来的音频信号进行功率放大，以便有足够的电压和电流（功率）来推动扬声器发出声音。在进行放大的同时，还可进一步滤除高频载波带来的噪声，甚至做一些频率补偿，使声音变得更柔美。

2. AM 部分信号流程图工作原理分析

下面我们把集成电路内部功能框和外围相连的电子元件根据信号流程的关系进一步梳理成图 5.3－4，分析在集成电路内部 AM 信号的具体流程以及外围电子元件所起的作用。

1）AM 调谐器部分

在图 5.3－4 中，AM 调谐器部分共有 4 个功能框：磁棒天线选台调谐（L_1）、选台调谐（L_4）、AM 本振、AM 混频。

在图 5.3－4 中，接到 IC 块引脚 10 的 L_1 就是磁棒天线，其任务就是感应、接收空中的广播信号。在 L_1 上并联有一只可调电容器，L_1 与它上面所并联的这只可调电容器发生谐振，使不需要接收的信号充分地衰减而欲接收的信号谐振到最强。改变电容的容量，就可改变谐振频率。这一最强的谐振信号叫做 $f_信$，它从引脚 10 送入 IC 块进行混频。而另一路混频信号来自 AM 本振，本振的振荡频率由接在 IC 块引脚 5 的 L_4 和并联其上的可变电容（参见图 5.3－1）来决定。当改变可变电容容量时，就可改变振荡频率，由于这个可变电容和并联于 L_1 上的可变电容是同轴的，在调节可变电容时就可保证与天线接收频率同步变化，达到本机振荡频率满足 $f_本 = f_信 + f_中$ 这一关系式。调幅广播波段的 $f_中$ 规定为 455kHz。

$f_信$ 和 $f_本$ 共同送入混频器，经差频后就可得到 $f_中$。$f_中$ 从 IC 块内部送入隔离放大器，以避免和 FM 信号相互干扰，再从 IC 块引脚 14 输出，这时 $f_中 = 455$kHz，送到下面的中频放大部分进行处理。

2）中频放大器和检波器部分

455kHz 的中频信号同时送到 C_{13} 和 R_4。由于 R_4 后面接的是 10.7MHz 滤波器，

455kHz 信号无法通过，对于这条支路而言为开路状态。而送到 C_{13} 的信号经过谐振能顺利通过 455kHz 的 T_1 和 455kHz 的陶瓷滤波器 CF1，而且 CF1 能阻挡（滤去）其他电台的残余信号，以及各种不需要的杂波信号。这个 455kHz 的有用信号送到 IC 块引脚 16，从而在内部进行二级中频电压放大。放大后的中频信号在 IC 块内部直接送到检波器，经检波后的低频信号经引脚 23 送出。接在引脚 23 的 C_{16} 容量很小，可以将残余的中频载波进一步滤掉（被地线吸收），以避免产生噪声。而有用的低频信号（电台广播信号）从引脚 23 经 C_{20} 耦合到引脚 24，进入后续放大器。这部分的引脚 22 接的 C_{15} 将低频信号中所含的直流成分进一步平滑，再从内部反馈到中频放大器，去自动调节中频放大器的电压增益，从而达到强力电台和弱信号电台基本一致的目的，这部分就叫 AGC 环路（自动增益控制环路）。

3）功放部分

功放部分包括电压放大器和功率放大器两部分。来自引脚 24 的音频信号在这里首先进行电压放大，接在引脚 25 内部的电路就是电压放大器部分，引脚 25 所接电容 C_{17} 就是交流负反馈的旁路电容。引脚 27 内部电路就是功率放大器部分，这里采用的是性价比高，又便于集成的 OTL 式功率放大器，具有相当功率的音频信号就从 OTL 的输出端引脚 27 输出，经 C_{22} 耦合到扬声器发出声音。引脚 27 所接的 C_{19}，容量较小，可以将高频噪声旁路到地，达到进一步消除噪音的目的。

4）电源部分

电子设备的工作离不开提供能量的电源部分，便携式袖珍收音机普遍采用电池作为能源。在这里，3V 电池的正端经过电源开关 K_2 送入引脚 26，电池的负端直接入地。接在引脚 26 的大电容器 C_{18} 是平波电容，目的是避免电源内阻产生的纹波干扰电路的工作。C_{21} 是高频平波电容，由于 C_{18} 的容量很大，通常大电容的电感分量也比小电容的电感分量大许多，当电路内产生高频电流而在电源内阻上产生高频电压时，C_{18} 起不到旁路作用，而 C_{21} 起作用，它的容量虽小但对高频的容抗也很小，可以有效地将高频纹波电压消除而不会干扰电路系统的正常工作。

IC 块的引脚 8 是内部稳压电源的引出端，输出 1.2V 的直流电压，向收音机的调谐器提供纹波更加微小的高质量能源。接在引脚 8 的 C_4 和 C_{23} 就是这个稳压电源的平波电容。

5）波段切换部分

在图 5.3-4 中画出了接在引脚 15 的功能框，这就是 AM/FM 电子切换框，通过接在引脚 15 外部的拨动开关，控制内部的多处电子开关改变状态，使内部电路的工作状态切换到相应的波段。当开关拨向 FM 端使引脚 15 处于高电平时，内部电路的工作状态就会切换到 FM 波段；当开关拨向 AM 端使引脚 15 处于低电平时，内部电路的工作状态就会切换到 AM 波段。

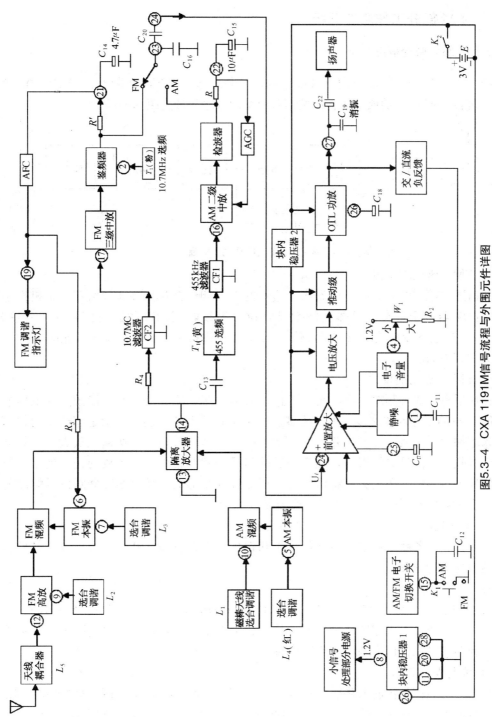

图5.3-4　CXA 1191M信号流程与外围元件详图

图中圆圈内的数字代表 CXA 1191 集成电路的引脚号

注：图中圆圈内的数字代表 CXA 1191 集成电路的引脚号

5.3.3 FM 部分工作原理分析

1. FM 部分原理框图分析

图 5.3-2 显示了 IC 块内 FM 部分的功能框，包括：FM 调谐器、FM 中放、鉴频、调谐表、AFC 和功放，将它们按信号流程的顺序整理为图 5.3-5。

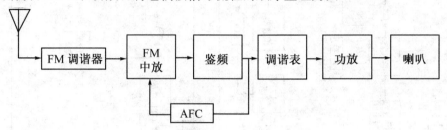

图 5.3-5　CXA 1191 集成电路内 FM 部分功能框图

1）FM 调谐器功能框

从前述对原理的分析中可以看出，这里的 FM 调谐器包括高频放大器、本机振荡器以及混频器三个部分，总体功能就是将拉竿天线收到的高频载波信号 $f_{信}$，根据 $f_{本}-f_{信}=f_{中}$ 公式变频为中频的载波信号 $f_{中}$，以便进行中频放大。调频广播波段的 $f_{中}$ 规定为 10.7MHz。

2）FM 中放功能框

在这里有三级中频放大器，比 AM 波段要多一级，原因是调频波段的空间电信号比 AM 波段的信号要弱许多，不仅要多加一级中频放大器，还要利用足够长度的拉竿天线来增加信号的接收强度，并且在调谐器中也比 AM 波段多一级高频放大。尽管如此，天线收到的信号仍然很弱，经变频后的信号仍然非常微弱，中放的任务就是要对这个信号进行多级电压放大，将信号的电压放大到足够大，满足鉴频器对信号幅度的要求，也可对鉴频器带来的插入损耗做有效的补偿。

3）鉴频器功能框

鉴频器的任务就是从中频载波信号中筛选出音频调制波，并且将音频波送到后续放大器中再进行处理。

4）AFC 功能框

AFC 环路（自动频率控制环路）在鉴频器的输出端取出代表低频信号强弱的直流成分，去自动调节本机振荡器的频率，从而自动改变鉴频后输出信号的强弱，达到强力电台和弱信号电台信号基本一致的目的。

5）调谐表功能框

调谐表功能框是集成电路输出的一个代表高频调谐部分收到广播信号的电压标志。通常用高电平代表调谐准确，已经正常收到广播电台的信号。低电平则代表失谐状态。

6）功放功能框

功放功能框部分是与 AM 共用的放大器部分。它的内部包含低（音）频电压放大和功率放大两部分，任务是将鉴频器送来的音频信号进行功率放大，以便有足够的电压和电流（功率）来推动扬声器发出声音。在进行放大的同时，还可进一步滤除高频载波带来的噪声，甚至进行一些频率补偿，使声音变得更柔美。

2. FM 部分信号流程图原理分析

根据图 5.3－4 来分析集成电路内部 FM 信号的详细流程以及外围电子元件所起的作用。

1）调谐器部分

在图 5.3－4 中，FM 调谐器部分共有 6 个功能框：拉竿天线耦合器（L_5）、FM 高放、选台调谐（L_2）、FM 混频、FM 本振、本振选台调谐（L_3）。

在图 5.3－4 中，左上角的拉竿天线感应、接收到空中的广播信号并送入由 C_1、C_2、C_3 和 L_5（参见图 5.3－1）组成的高通滤波器，滤去其他干扰信号而只允许 80MHz 以上的高频载波信号送到 IC 块引脚 12 进入高频放大器，对信号进行首级电压放大，并与接在引脚 9 的谐振回路 L_2 和它上面所并联的一只可调电容器发生谐振（参见图 5.3－1），使不需要接收的信号充分地衰减，而欲接收的信号谐振到最强。改变电容的容量，就可改变谐振频率。这一最强的谐振信号的频率叫做 $f_{信}$，它从集成电路内部送到 FM 混频器进行混频。而另一路混频信号来自 FM 本振，本振的振荡频率由接在 IC 块引脚 7 的 L_3 和并联其上的可变电容来决定（参见图 5.3－1）。当改变可变电容容量时，就可改变振荡频率，由于这个可变电容和并联于 L_2 上的可变电容是同轴的，在调节可变电容时就可保证与天线接收频率同步变化，达到本机振荡频率 $f_{本}$ 满足 $f_{本}＝f_{信}＋f_{中}$ 这一关系式。$f_{信}$ 和 $f_{本}$ 共同送入混频器，经差频后就可得到 $f_{中}$。$f_{中}$ 从 IC 块内部送入隔离放大器，以避免和 AM 信号相互干扰，再从 IC 块引脚 14 输出，这时的 $f_{中}＝10.7MHz$，送到下面的中频放大部分进行处理。

2）中频放大器和鉴频器部分

10.7MHz 的中频信号同时送到 C_{13} 和 R_4，由于 C_{13} 后面接的是 455kHz 滤波器，10.7MHz 信号无法通过，对于这条支路而言为开路状态。而送到 R_4 的信号经过谐振，能顺利通过 10.7MHz 的陶瓷滤波器 CF2，而且 CF2 能阻挡（滤去）其他电台的残余信号，以及各种不需要的杂波信号。这个信号送到 IC 块引脚 17，从而在内部进行三级中频电压放大。放大后的中频信号在集成电路内部直接送到鉴频器。接在 IC 块引脚 2 的 C_{10} 和 T_2 是内部鉴频器的负载。经鉴频后的低频信号从引脚 23 送出，接在引脚 23 的 C_{16} 容量很小，可以将残余的中频载波进一步滤掉（被地线吸收），以避免产生噪声。引脚 21 接的 C_{14} 将低频信号中所含的直流成分进一步平滑，再经 R_5 反馈到 IC 块引脚 6 所接的 FM 本机振荡器，去自动调节本机振荡器的频率，从而自动改变鉴频后输出信号的强弱，达到强力电台和弱信号电台信号基本一致的目的，这部分就叫做 AFC 环路（自动频率控制环路）。接在 IC 块引脚 6 和 7 的 C_8 是一只负反馈电容，作用是让本机振荡器的振荡频率更加稳定。

3）功放与电源部分

从图 5.3－4 中可以看到，FM 的功率放大器与电源部分都是共用的，其工作原理就不再赘述。

从以上的分析可以看出，集成电路收音机的信号流程和工作原理其实和分立式收音机是完全一样的，只不过是应用了集成技术使电路的结构非常紧凑，工作更加稳定可靠，安装调试更加容易，但却增加了工作原理和信号流程的分析难度，只要充分了解分立式收音机后，这个问题就会迎刃而解了。

第六章　电子工艺实践

6.1　万用表的使用

目前使用的万用表分为数字式和指针式两大类。数字式直观，但功能有限。指针式应用范围广，但体积较大，精度不高。

万用表的种类繁多，但使用方法大同小异。这里仅对两种较好的专业级指针表和一款性价比较高的数字万用表作一介绍。

6.1.1 指针式万用表

1. MF64 型万用表面板简介

MF64 型万用表的面板如图 6.1-1 所示。

（1）功能钮：关档，OFF；欧姆档，Ω；交流档，AC；直流档，＋DC；负直流档，－DC。

（2）档位钮：黑色数字为直流档位的满度值；橙色数字为交流档位的满度值；蓝色数字为欧姆档位的倍乘数。

（3）调零钮：欧姆档调零电位器。

（4）机械调零口：调节静止时的机械零位。

（5）欧姆刻度线：其读数方法是读数乘倍数。

（6）电压/电流刻度线：其读数方法是找准满度值。

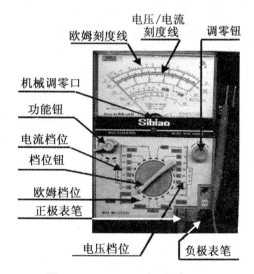

图 6.1-1　MF64 型万用表

2. MF500-Ⅱ型万用表面板简介

MF500-Ⅱ型万用表的面板如图 6.1-2 所示。

（1）欧姆档：Ω；

（2）低阻欧姆档：DΩ（红色符号）；

（3）直流电压档：V；

（4）直流电流档：A；

（5）交流电压档：V（红色字母下方有
"～"符号）；

（6）交流电流档：A（红色字母下方有
"～"符号）；

（7）调零钮：欧姆档调零电位器；

（8）机械调零口：调节静止时的机械零位；

（9）欧姆刻度线：其读数方法是读数乘
倍数；

（10）电压/电流刻度线：其读数方法是找准
满度值。

注：两个功能钮的功能必须要相互对应。

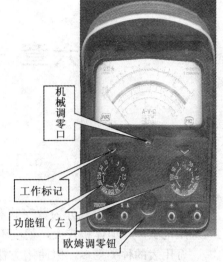

图 6.1－2　MF500－Ⅱ型万用表

6.1.2　DT9205 型数字式万用表的使用与元件测试

1. DT9205 型数字式万用表简介

DT9205 型数字式万用表（图 6.1－3）是一种操作简单、
读数准确、功能齐全、小巧轻便的手持式大屏幕液晶显示的三位半数字万用表，具有
以下主要特点：

（1）A/D 转换采用 CMOS 技术，可以自动校零、自
动极性选择、超量程指示。

（2）具折叠结构大液晶显示屏，字体高达 25mm，显
示屏可自由调整角度约 70°，以获得最佳观察效果。

（3）具 32 个基本档位，单旋钮操作量程开关，切换灵
活，更有效地避免误操作。

2. 一般特性

（1）最大显示"1999"，即 3 又 1/2 位。

（2）读数显示率：每秒 2～3 次。

（3）超量程指示：仅最高位显示"1"。

（4）自动负极性指示：显示符号"－"。

（5）电池不足指示：显示符号

（6）数据保持状态：显示符号 H 。

（7）电容测量自动调零。

（8）自动关机：仪表开机约 15min 会自动切断电源，
重复按下电源开关钮可重新开机。

**图 6.1－3　DT9205 型数字式
万用表**

3. 电特性

(1) 准确度：±（读数％＋字数）。

(2) 环境要求：温度 23℃±5℃，相对湿度＜75％。

(3) 技术指标：见表 6.1－1。

表 6.1－1　DT9205 型数字式万用表技术指标

功能	量程	分辨力	准确度(±)	过载保护	说明
直流电压 DCV	200mV	100μV	0.5％+5d	250V 有效值	输入阻抗：200mV、2V 为 1MΩ，其余量程为 10MΩ
	2V	1mV		直流 1000V 交流 750V 有效值	ACV 频率范围：40Hz～400Hz
	20V	10mV			200V/750V 量程为 40Hz～100Hz
	200V	100mV			
	1000V	1V	0.8％+5d		
交流电压 ACV	200mV	100μV	1.2％+3d	250V 有效值	
	2V	1mV	0.8％+5d	直流 1000V 交流 750V 有效值	
	20V	10mV			
	200V	100mV			
	750V	1V	1.2％+3d		
直流电流 DCA	2mA	1μA	0.8％+5d	保险丝 0.2A	10A 输入时最多 15s
	20mA	10μA			测量电压降：满量程为 200mV
	200mA	100μA	1.2％+5d		交流测试频率范围：40Hz～100Hz
	10A	10mA	2％+5d	无保险丝	
交流电流 ACA	2mA	1mA	1.2％+3d	保险丝 0.2A	
	20mA	10μA			
	200mA	100μA	1.8％+3d		
	10A	100μA	3％+7d	无保险丝	
电阻 Ω	200Ω	0.1Ω	0.8％+5d	250V 直流或交流有效值	开路电压：约 1V（200MΩ 档约 2.8V）
	2kΩ	1Ω			相对湿度：0～35℃时为 0～75％
	20kΩ	10Ω			
	200kΩ	100Ω			
	2MΩ	1kΩ			
	20MΩ	10kΩ	1％+5d		
	200MΩ	100kΩ	5％（±10d）		
电容 C	2nF	1pF	3％+5d	100V 直流或交流有效值	测试频率：400Hz
	20nF	10pF			测试电压：40mV
	200nF	100pF			
	2μF	1nF			
	20μF	10nF			
	200μF	100nF	5％+5d		
通断测试/二极管测试				250V 直流或交流有效值	＜70Ω 蜂鸣器发声，同时发光二极管发光/显示的值为正向压降，单位为 mV
发光二极管指示通断					
三极管 hFE 测试					显示范围：β＝0～1000

注：d 代表字数。

4. 使用安全要求和注意事项

（1）先检查电池。如显示屏上显示电池不足符号，请及时更换新电池，否则测试结果极其不准。

（2）检查测试表笔，确保绝缘层完好，无断线或脱头现象。

（3）按测量需要将量程开关置于正确档位。

（4）按测量需要将红、黑表笔正确插入相应的输入插孔并插到底，以保证良好接触。

（5）当改变测试量程或功能时，任何一只表笔都要与被测电路断开。

（6）测量时，公共端"COM"与大地之间电位差不要超过500V。

（7）警告：不要测量高于直流1000V或交流750V的电压。10A档因无保险管，极易损坏，一定要慎用。

（8）虽然有自动关机功能，但测量完毕后，还应关掉电源；仪表长期不用时，应取出电池，以免漏液。

5. 电路参数与电子元件的测量

1）直流电压和交流电压的测量

（1）将量程开关置于所需电压量程。

（2）黑表笔接"COM"插孔，红表笔接"VΩ"插孔。

（3）表笔并接于被测电路，显示直流电压读数时，同时显示红表笔所接端极性。

注意：

① 在测量之前如不知被测电压范围时，应将量程开关置于最高量程并逐档调低。

② 当只在最高位显示"1"时，说明已超过量程而溢出，应将量程调高。

③ 不要测量高于直流1000V或交流750V的电压。如果电压超过上述范围，虽有可能得到读数，但会损坏仪表内部电路。

2）直流电流和交流电流的测量

（1）黑表笔接"COM"插孔，当被测值小于200mA时，红表笔接"mA"插孔；当被测值在200mA～10A之间时，红表笔接"10A"插孔。

（2）将量程开关置于所需电流量程。

（3）将表笔串接于被测电路，显示直流电流读数时，同时显示红表笔所接端的极性。

注意：

① 在测量之前如不知被测电流范围时，应将量程开关置于最高量程并逐档调低。

② 当只在最高位显示"1"时，说明已超过量程而溢出，应将量程调高。

③ 在插孔"mA"回路中装有200mA保险丝，过载会将保险丝熔断。若保险丝熔断后，应按规定值及时更换。

④ 应特别注意在插孔"10A"回路内无保险丝保护，可连续测量的最大电流为10A，测量时间应小于15s，否则极易烧毁表内的芯片。

3）电阻的测量

（1）黑表笔插入"COM"，红表笔插入"VΩ"插孔。

（2）将量程开关置于所需电阻量程。量程必须大于被测电阻阻值，但不能大得太多，以免增大测试误差。

（3）将表笔跨接在被测电阻两端，读出显示值。小数点表示当前档电阻值的单位。

注意：

① 此时红表笔对外呈现的电池极性为"＋"。

② 表笔开路时显示为过量程状态，即最高位显示"1"。

③ 200MΩ量程测量时，表笔短接时电阻读数为"1.0"。这是固定的偏值，是正常的。测量显示值应减去1.0，即为实际测量结果。

4）电容器的测量

（1）量程开关置于所需电容量程，显示会自动校零。电表量程必须大于被测电容容量值，但不能大得太多，以免增大测试误差。

（2）将被测电容插入"Cx"电容测试插孔，读取显示值。若插入为电解电容，不分极性。

注意：测试前被测电容应先放完电，以免损坏仪表。

（3）指针式万用表测试电容器。用万用表的欧姆档，根据表笔的摆动情况来测试电容器的质量，不仅可以粗略判定其容量，而且更重要的是可判定其是否漏电。值得强调的事实是：用电容表测得容量后，并不能说明其内部是否存在漏电故障。因此，对测判电容器漏电与否必须加以足够的重视。

① 档位选择：必须参考表6.1－2选择指针表的档位。

表6.1－2　电容器容量范围及其应用档位

容量范围	0.1pF~1μF	1μF~100μF	100μF~1000μF	1000μF~0.01F	>0.01F
应用档位	RX10K	RX1K	RX100	RX10	RX1

② 容量粗判：表笔的摆度越大，回摆越慢，则容量越大。

③ 漏电判断：表笔应最终回摆到电阻挡的∞位置，否则已漏电；小容量（$C \leqslant 0.1\mu F$）者，表针基本不摆动为不漏电，可迅速翻转表笔，其表针有摆动者为好；更小容量（$C < 0.01\mu F$）者，即使迅速翻转表笔表针也不摆动，则可首先判定这个电容不漏电，再由外形判其质量。

注：

① 测判前应先放电（放电：用小值电阻或表针将电容引脚短路）。

② 普通电容无极性，表笔接法任意。而对于电解电容，测量时应注意万用表黑表笔必须接电解电容的正极，红表笔应接电解电容的负极（适用于指针表）。

③ 测判目的是粗判容量，严查漏电。

5）晶体二极管的测量

黑表笔插入"COM"插孔，红表笔插入"VΩ"插孔。将量程开关置于二极管专用测试档 —▷|— 档位。将测试笔接于二极管两端，如图6.1－4（a）所示。

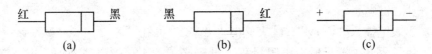

图6.1-4 晶体二极管的测量

假如此时显示值为627，表示这时二极管为正向接入，其正向电压降为627mV。再将表笔换向接入，如图6.1-4（b）所示，此时应当在最高位显示1，表示溢出状态，即二极管处于不导通的开路状态。

通过这两次测试，可以得到三个结论：

①正在测试的元件确实是一只好的二极管。

②确定了二极管的极性，如图6.1-4（c）所示。

③确定了二极管所用的材料，若正向电压降低于0.3V，其制造材料为锗（Ge），称为锗二极管；若正向电压降超过0.45V，其制造材料就是硅（Si），称为硅二极管。

（4）测试条件：正向直流电流约1mA，反向直流电压约3V。

6）晶体三极管的测量

（1）测试原理。

我们使用的三极管的结构有两种情况，NPN或PNP型管，它们可以等效为两只二极管，如图6.1-5所示。

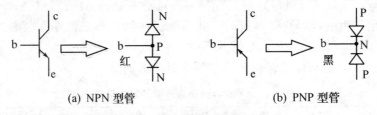

(a) NPN 型管　　　　　　　　(b) PNP 型管

图6.1-5 晶体三极管的测量等效图

（2）用二极管专用档判认基极（b极）和管件极性。

① 黑表笔插入"COM"插孔，红表笔插入"VΩ"插孔。

② 将量程开关置于二极管专用测试档 —▷|— 档位。

③ 用一只手将三极管的一个脚与一只表笔（如红笔）捏在一起，用另一只表笔分别去接触三极管的另两只脚。如果发现对两旁都不导通，就将固定脚的表笔换一下（如换为黑笔），假如这一次对两旁都呈现正向电压（导通状态），也可能首先发现对两旁都导通，就将固定脚的表笔换一下，假如这一次对两旁都呈现截止状态，说明被固定的引脚就是三极管中两只二极管的共用脚——基极（b极），还说明了基极的极性。如果用红表笔接其基极两旁都是导通状态，表示其基极（b极）为正极性的P，则该三极管的极性为NPN型；如果用黑表笔接基极对两旁都是导通状态，表示基极为负极性的N，该三极管的极性就为PNP型。

（3）用hFE档判e、c引脚和β值。

将万用表置于hFE档，将三极管插入右下角三极管专用孔中。在测试中注意两点：

①NPN管必须插入NPN的管座中，PNP管也只能插入PNP的管座中。

②共插两次，但每次必须保证基极准确插入基极座孔中。

每次插入到位后，屏上都会显示数字表示 β 值。在两次插入中，β 值大的那一次，表示引脚极性插入正确，此时不仅可以记下 β 值，还可确定 e 和 c 的引脚位置。

（4）测试条件：基极电流 $10\mu A$，U_{cc} 约 3V。

7）蜂鸣通断测试

（1）黑表笔插入"COM"插孔，红表笔插入"VΩ"插孔。

（2）将量程开关置于 ⟶▷⊦ 档位。

（3）将表笔跨接在欲测线路两端，当两点之间的电阻值小于 70Ω，蜂鸣器便发出声响，发光管亦会同时发光，表示线路为导通状态。但应特别注意，此时的线路电阻仅仅是小于 70Ω 而已。

注意：

① 输入端开路时，万用表显示为过量程状态。

② 被测电路必须在切断电源状态下检查通断，因为任何负载信号都可能使蜂鸣器发声，导致错误判断。

8）电感的测试

电感都是用铜芯漆包线绕制，其电阻值都很小，可用 200Ω 档测其铜线电阻以判断内部是否断线，据此确定其质量。

6. 万用表测试电子零件的操作手法

用万用表测试电子元件的正确手法只允许元件的一端接触手指部分，如图 6.1-6 (a) 所示，图 6.1-6 (b) 为错误的手法。

(a) 正确的手法　　　　　　　　　　(b) 错误的手法

图 6.1-6　测试电子元件的操作手法分析

6.2　电子元件的识别

电子元件在图纸上标注参数时采用图示法，在实际元件上标注参数时也可以采用图示法，但大量的元件采用其他的方法来标注参数。

6.2.1　电阻、电容、电感在元件上表示参数的方法

1. 色环法（用色环代表数字）

色环法中的色环及其所代表的数字见表6.2－1。

表6.2－1　色环及其代表数字的对应情况

色	棕	红	橙	黄	绿	蓝	紫	灰	白	黑	金	银
数	1	2	3	4	5	6	7	8	9	0	－1	－2

1）三色环式元件的表示方法

（1）只有三个环：第一、第二环代表有效数字，第三环代表倍率（数量级），没有精度环。其精度为：±20％。其外形如图6.2－1所示。

（2）有四个环：第一、第二环代表有效数字，第三环代表倍率（数量级），其精度由第四个色环表示。分为两个级别：金：±5％；银：±10％。电感和电容的Ⅴ级精度可用白色环来表示。

 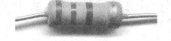 

黄紫红：$47×10^2=4.7kΩ±20\%$　　红紫棕金：$27×10^1=270Ω±5\%$　　绿蓝金白：$56×10^{-1}=5.6μH±{+50\% \atop -20\%}$

　(a) 三色环式电阻之一　　　　(b) 三色环式电阻之二　　　　(c) 三色环式电感

图6.2－1　三色环式电阻和三色环式电感的参数识别

注：三色环式电阻快速读数法（第三环分档法），先读第三环，确定电阻的数量级，见表6.2－2。

表6.2－2　第三环的颜色及其对应的档位值

第三环颜色	棕	红	橙	黄	绿	黑	金	银
档位值	百Ω级	kΩ级	拾kΩ级	百kΩ级	兆Ω级	拾Ω级	Ω级	0.Ω级

2）四环式电阻的表示方法

（1）有五个环：第一、第二、第三环代表有效数字，第四环代表倍率（数量级），精度由第五个色环表示。其外形如图6.2－2所示。

（2）有六个环：第一、第二、第三环代表有效数字，第四环代表倍率（数量级），第五环表示精度，第六环表示温度系数。

棕红棕金紫：$121×10^{-1}=12.1Ω±0.1\%$

图6.2－2　四色环式电阻参数识别

注：

① 四环式元件也叫高精度元件，其精度（第五环）的颜色所代表的常见精度有：棕，±1％；红，±2％；绿，±0.5％；蓝，±0.25％；紫，±0.1％这五个档级。

② 温度系数环（第六环）为要求更高的特殊场合使用，使用时可查阅相关手册。

③ 对于金色环和银色环，当它们出现在低精度色环元件的第三环和高精度元件的第四环时，表示倍率为 10^{-1} 或 10^{-2}；若出现在低精度色环元件的第四环时，表示精度为 $\pm5\%$ 或 $\pm10\%$。它们绝对不会出现在高精度元件的第五环上。

2. 数字法

1）直标式

（1）电阻：一般均省略 Ω。

（2）电感：除 $\geqslant 1H$ 的外，一般均省略 H。

（3）电容：当 $C<1F$ 时，一般均省略 F，而且还要分以下几种情况来省略：

① $C<1pF$ 时，不能省略 p，如 0.1pF 可表示为 0.1p。

② C 位于〔1pF～10000pF）区间时，可省略 pF，如 100pF 可表示为 100；8200pF 可表示为 8200。

③ C 位于〔10000pF～$1\mu F$）区间时，可省略 μF，如 100000pF 应换算为 $0.1\mu F$，可表示为 0.1。

④ C 位于〔$1\mu F$～1F）区间时，不能省略 μ，如 $1\mu F$ 可表示为 1μ。

从以上规律可以总结出：凡是数字大于 1 的电容器，都以 pF 为默认单位；数字小于 1 的电容器，都以 μF 为默认单位；容量大于 $1\mu F$ 的电容器，后面均标出单位 μF，或只标出 μ。

2）用单位代表小数点

例：0.6Ω 的电阻可表示为 $\Omega6$；$4.7k\Omega$ 的电阻可表示为 4k7；2.2nF 的电容可表示为 2n2；$0.1\mu F$ 的电容可表示为 $\mu1$。

3）用 R 代表小数点

例：0.6Ω 的电阻可表示为 $R6\Omega$；$4.7k\Omega$ 的电阻可表示为 4R7k；2.2nF 的电容可表示为 2R2n；$0.1\mu F$ 的电容可表示为 $R1\mu$。

上述两种方法可有效地避免因小数点不清晰引起的误读。

4）仿色环法（三位数标示法）

用三位数仿三环式色环所代表数的意义的方法，第一、第二位数（环）代表有效数字，第三位数（环）代表倍率。为避免与直标式相冲突，特规定第三位的数不能为 0。

例：电阻，474 的电阻代表 $47\times10^4\Omega=470k\Omega$；103 的电阻代表 $10\times10^3\Omega=10k\Omega$。

电容，474 的电容代表 $47\times10^4pF=0.47\mu F$；103 的电容代表 $10\times10^3pF=0.01\mu F$。

电感，474 的电感代表 $47\times10^4\mu H=470mH$；103 的电感代表 $10\times10^3\mu H=10mH$。

注：

① 以上用倍率方法计算出来的元件单位分别是：电阻为 Ω，电容为 pF，电感为 μH。

② 微型贴片元件和排式电阻、排式电容元件，是不采用直标式的元件系列，它们采用的仿色环法规定：第三位的数为 0 表示 10^0；第三位的数为 9 表示 10^{-1}。

③ 精度的符号表示法：精度可以用色环（色点）来表示，还可用符号表示，见表 6.2-3。

表 6.2-3　精度的表示符号及其所表示的精度

符号	B	C	D	F	G	J	K	M	N	S
精度%	±0.1	±0.25	±0.5	±1	±2	±5	±10	±20	±30	+50 −20
符号	Z	R	00	0	I	II	III	IV	V	VI
精度%	+80 −20	+100 −10	±1	±2	±5	±10	±20	+20 −30	+50 −20	+100 −10

④ 凡是已经能读出元件的参数，其后面所跟的符号都是表示精度的符号，如表 6.2-4 所示。

表 6.2-4　元件参数标识表示精度示例

电阻标识	阻值	精度	电容标识	容量	精度
27ΩK	27Ω	K 级品	333K	0.033μF	K 级品
330KK	330kΩ	K 级品	223N	0.022μF	N 级品
2.2KM	2.2kΩ	M 级品	82nI	8200pF	一级品
104J	100kΩ	J 级品	104J	0.1μF	J 级品
47ΩI	47Ω	一级品	15R	15pF	R 级品

6.2.2　电阻、电容、电感元件及其主要参数

1. 电阻元件

1）按材料分类

电阻按生产材料可分为金属膜电阻、碳膜电阻等，如图 6.2-3 所示。

(a) 碳膜电阻 　　　　　　　　　　　　(b) 金属膜电阻

图 6.2-3　两种常用电阻的外形

2）阻值标称系列

阻值标称系列的情况见表 6.2-5。

表 6.2-5　阻值标称系列

E24 系列	误差±5%	10　11　12　13　15　16　18　20　22　24　27　30　33　36 39　43　47　51　56　62　68　75　82　91
E12 系列	误差±10%	10　12　15　18　22　27　33　39　47　56　68　82
E6 系列	误差±20%	10　15　22　33　47　68

注：除上述系列之外，高精度电阻还有 E48 和 E96 系列。

3）功率标称系列

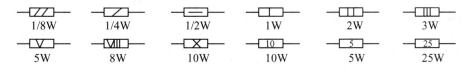

| 1/40, 1/32, 1/20, 1/16, 1/10; | 1/8, 1/4, 1/2; | 1, 1.6, 2, 3, 5, 8, 10, 16, 25, 40…… |

微功率元件　　　　　小功率元件　　　　　　　大功率元件

4）功率图示法

在工程图纸上标注电阻的功率，除用文字直接标注外，还可用图 6.2－4 所示方法来标注功率。

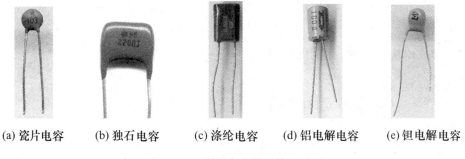

图 6.2－4　电阻的功率图示法

2. 电容器元件

1）按材料分类

电容按生产材料可分为瓷片电容、独石电容、涤纶电容、铝电解电容、钽电解电容等，如图 6.2－5 所示。

(a) 瓷片电容　　(b) 独石电容　　(c) 涤纶电容　　(d) 铝电解电容　　(e) 钽电解电容

图 6.2－5　常见电容器元件外形图

2）单位

1F（法）$= 10^3$ mF（毫法）$= 10^6 \mu$F（微法）$= 10^9$ nF（纳法）$= 10^{12}$ pF（皮法）

3）常用容量标称系列

1.0，1.5，2.2，3.3，4.7，6.8，8.2。

4）耐压标称系列（V）

4，6，10，16，25，32，50，（注：50V 以下为电解电容专用系列）。

63，160，250，400，500，630，1K，1.5K，2K……

注：当一只非电解电容没有标注耐压值时，其耐压就是普通电容的最低耐压档级63V。

5）电解电容的极性

（1）新电容：长脚为正。

（2）极性标注法：标注在相关引脚边上，如图 6.2－6。

① 正极标注的方法：+；⊕；┼；

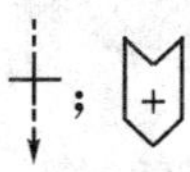

② 负极标注的方法：┃；①；┆；

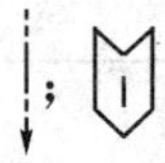

(a) 正极
标注式　　(b) 负极
标注式

图 6.2—6　电解电容的极性标注方法

3. 电感元件

1）按材料分类

电感按生产材料可分为空芯电感、磁芯电感、铁芯电感等，如图 6.2—7 所示。

(a) 空芯电感　　　(b) 铁芯电感　　　(c) 磁芯电感　　　(d) 色环电感（磁芯）

图 6.2—7　常见电感元件外形图

2）单位

$1H$（亨）$=10^3 mH$（毫亨）$=10^6 \mu H$（微亨）

4. 集成电路（IC 块）的引脚识别

1）单列直插式

单列直插式集成电路的引脚图见图 6.2—8。

2）双列直插式

双列直插式集成电路的引脚图见图 6.2—9。

(a) 截角式　　(b) 缺口式　　(c) 色点式　　(d) 色带式　　(e) 正面式

图 6.2—8　单列直插式集成电路的引脚图

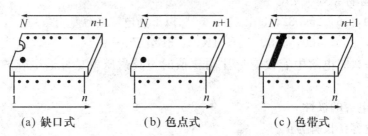

(a) 缺口式　　　(b) 色点式　　　(c) 色带式

图 6.2—9　双列直插式集成电路的引脚图

6.3 焊接技术

焊接的工艺有许多种，大批量生产时常采用波峰焊等工艺，而试制和小批量生产时多采用手工焊接工艺。这里对手工焊接工艺作详细介绍。

6.3.1 电烙铁

内热式电烙铁的结构见图 6.3－1。

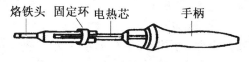

图 6.3－1 内热式电烙铁结构图

1. 电烙铁的选用

电烙铁是手工焊接的主要工具之一，应根据各种烙铁的特点和焊接时的具体要求进行选择。焊件处理面积越大，所需热量也越大，所选电烙铁的功率也应越大。

一般实习选用的是内热式电烙铁，其具有功率小（20W～50W）、预热快、重量轻等特点。20W 内热式电烙铁适于小型、微型元件印制电路板的焊接。

2. 电烙铁的握法

根据焊接部位和电烙铁类型等的不同要求，可采用反握法、正握法和握笔法，见图 6.3－2。握笔法适用于小功率烙铁，焊接精度较高，所以适用于焊点密集型印制电路板的焊接；反握法用于大功率烙铁，可长时间操作，不易疲劳；正握法用于有弯头的烙铁。

反握法　　　　正握法　　　　握笔法

图 6.3－2 电烙铁的不同握法

3. 电烙铁的故障分析

（1）尖端烧蚀：会造成加热不均匀和焊锡流动不畅，如图 6.3－3（b）所示。

（2）表面烧蚀：工作面呈锅底状，会造成焊锡流动不畅，如图 6.3－3（c）所示。

（3）工作面烧死：温度过高或长时间干烧，均可造成工作面烧黑（烧死）的现象，如图 6.3－4 所示。这时的烙铁温度很高却不融焊锡，这样一来极易烫坏电路板。

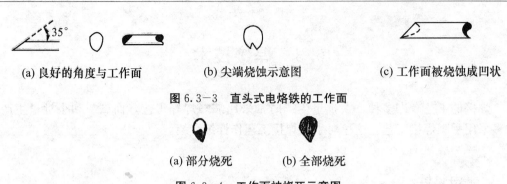

(a) 良好的角度与工作面   (b) 尖端烧蚀示意图   (c) 工作面被烧蚀成凹状

图 6.3-3   直头式电烙铁的工作面

(a) 部分烧死   (b) 全部烧死

图 6.3-4   工作面被烧死示意图

4. 电烙铁的故障处理

1) 重挫工作面

将电烙铁头实心处靠在桌面，用锉刀平行向前单方向锉，直到工作面全部呈现紫铜为止。注意保持原来的正确角度，方式如图 6.3-5 所示。

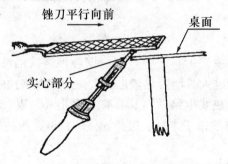

图 6.3-5   用锉刀整理工作面示意图

2) 重新镀锡

首先让电烙铁预热，稍热时就立即蘸松香。温度足够时，立即蘸焊锡，保证电烙铁工作面均吃上焊锡即可。经处理的电烙铁头必须良好地镀上焊锡后，方能投入使用。

6.3.2   焊接工艺

1. 焊料

手工焊接时，常用含锡量为 60% 的活性松芯焊锡丝。

2. 助焊剂

常用固体松香作为中性助焊剂，它具有隔氧、为烙铁增温、助焊锡流动、还原锡灰等功能。

3. 焊接步骤

（1）焊接前准备：必须保持焊点部位的清洁，去除待焊接金属表面的氧化物。若焊件表面已经过助焊处理，千万不可贸然再处理，可预焊一下来判断其可焊性是否良好。电烙铁工作面要保持焊前均匀的沾上焊锡（俗称吃锡）。

（2）加热焊件：保证焊件直接接触烙铁且均匀受热。

（3）熔化焊料：使焊料充分溶化并润湿焊点。

（4）移开焊锡：焊料熔化在焊点上达到一定的量后，将焊锡丝及时移开。

（5）移开烙铁：焊料充分融化并形成光亮焊点后，应及时移开电烙铁。

（6）吹气降温：电烙铁移开后，应立即吹气降温，直到焊点冷却变色，这段时间不允许元件晃动，以免造成虚焊。

4. 焊接方法

1）运锡法

用电烙铁运载焊锡进行焊接。

（1）先蘸焊锡再蘸松香。

（2）趁松香还在冒烟时进行焊接，注意 θ 角在 35°～40°之间，如图 6.3－6 所示。

（3）每次只焊接一个焊点，严格掌握好焊锡量和松香量。

（4）烙铁应直接对铜箔和引线加温，待焊锡充分融化在焊点上后再移开电烙铁。

（5）移开电烙铁后，应立即吹气降温，以免元件晃动而造成虚焊。

2）喂锡法

当引线不会晃动且元件不滑落时可用喂锡法。喂锡法只用蘸有少量焊锡的电烙铁（如图 6.3－7 所示），其主要任务是加热焊盘和元件引脚。

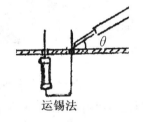
运锡法
图 6.3－6　运锡法示意图

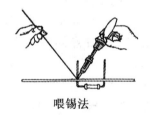
喂锡法
图 6.3－7　喂锡法示意图

（1）先用烙铁蘸少许松香再去加热焊点。

（2）稍后用左手向电烙铁工作面喂入松芯焊锡丝。

（3）焊锡量足够时，首先移开焊锡丝，待焊锡充分融化在焊点上以后再移开电烙铁。移开电烙铁后要立即吹气降温。

3）拖焊法

拖焊法最适宜手工焊接多引脚贴片式元件。

（1）将多脚贴片式元件的引脚与印制板引脚的焊盘严格对齐，并焊住 1 或 2 个对角，以完全固定待焊装的贴片式元件。

（2）将待焊接的引脚排用针筒注入少许助焊剂（可用松香制成的乙醇饱和液）。

（3）左手拿焊锡丝，右手持电烙铁，将焊锡全面熔化在引脚排上，从左到右移动烙铁和焊锡丝，直到待焊接的引脚排均吃上焊锡为止。

（4）最后一步是去掉多余的焊锡。左手将电路板面向自己稍加倾斜，用电烙铁将引脚上的焊锡向右方和下方拖走，同时用电烙铁尖稍加用力将各引脚向焊盘压紧，以确保没有翘曲的引脚。直到多余的焊锡被去掉，各引脚间没有短路点为止。

4）除锡法

当焊锡过多时，必须将多余的部分去掉。方法是将烙铁上的焊锡用力甩掉，蘸少许松香，将电路板立起来，电烙铁的工作面从下方接触焊点，当焊锡熔化后就会在重力的作用下流向电烙铁，达到去除多余焊锡的目的。

5. 手工焊接的注意事项

（1）选用合适的助焊剂、焊料，保证与焊接部件的可焊性。

（2）保持焊接部位的清洁。

（3）焊料、助焊剂的使用要适量，不宜太少，也不宜太多。

（4）掌握好焊接的温度和时间，焊点的加热时间一般在 3s～10s。

（5）当电烙铁在对被焊接部位加热时，应当稍加用力压紧铜箔和元件引脚，此时千万不可移动电烙铁，以防止铜箔被刮落。

（6）焊接时必须固定焊件，焊锡凝固之前不要使焊件移动或振动，以免造成虚焊。

（7）焊接完成后，可用无水乙醇清洁焊点周围，同时检查有无漏焊、错焊、虚焊等现象。

6. 焊点的质量分析

1）良好焊点的质量分析

良好焊点的外形为正弦波形状，焊点光亮、圆滑，焊盘覆盖完全，焊点周围允许有细而薄的一圈松香，如图 6.3-8 所示。

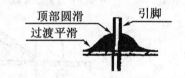

图 6.3-8　优良的焊点示意图

2）非正常的焊点分析

（1）焊锡太少，只有极薄的一层，日后极易受器件的自重或震动原因造成焊锡裂开脱落，如图 6.3-9（a）所示。

（2）松香太少，不利焊锡流动，常会将焊锡拖出毛刺，如图 6.3-9（b）、（c）所示，不仅会造成高压放电，还可能造成焊点间短路，也不美观。

（3）当元件的引脚可焊性差而没有进行有效的处理时，就会造成引脚不能吃锡的虚焊现象，如图 6.3-9（d）所示。

（4）当铜箔的焊盘可焊性差而没有进行有效的处理时，就会造成铜箔不能吃锡的虚焊现象，如图 6.3-9（e）所示。

（5）如果没掌握好焊锡的用量，就可能造成焊锡太多，如图 6.3-9（f）所示。这样不仅会影响焊接质量的判断，也可能造成焊点间短路。可用除锡法去除多余的焊锡。

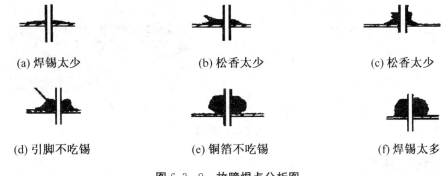

(a) 焊锡太少　　　　　(b) 松香太少　　　　　(c) 松香太少

(d) 引脚不吃锡　　　　(e) 铜箔不吃锡　　　　(f) 焊锡太多

图 6.3－9　故障焊点分析图

6.4　超外差收音机的安装与调试实习

在这里，利用一台技术成熟的使用非常广泛的单片集成块式收音机为媒介，进行电子工艺方面和模拟系统的调试练习，以达到初步掌握这方面技能的目的。这台收音机内使用了一片型号为 CXA 1191M 的调频/调幅式集成电路。其外围元件非常精练，可靠性很高，调试也较容易。它的工作原理和技术资料详见相关章节。

6.4.1　超外差收音机专用元件的测判

1. 中周的测试

用万用表欧姆 200Ω 档（或指针表的 RX1 档）测量中周各引脚的导通情况以判断其质量。若发现引脚间有线圈相连，应当导通而不通者，表示内部有断线；若发现引脚间不应导通而导通者，表示内部有级间短路。图 6.4－1 是中周的内部电气结构与底视图。凡是引脚间有线圈者，其电阻值都应当很小（0～数拾欧）。

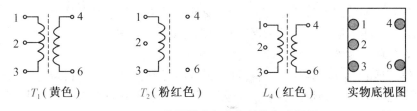

T_1（黄色）　　　　T_2（粉红色）　　　　L_4（红色）　　　　实物底视图

图 6.4－1　中周的内部电气结构与底视图

2. 磁棒天线

用测试中周的方法测量天线各引脚的导通情况以判断其质量。磁性天线的电路原理图和实物图见图 6.4－2。

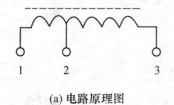

(a) 电路原理图

(b) 实物图

图 6.4-2　磁性天线

3. 喇叭（扬声器）

用指针式万用表的欧姆（RX1）档测量喇叭。方法是用一支表笔接喇叭引线的一端，另一支表笔去刮碰另一端，应有"喀喀"声，否则需更换。

6.4.2　超外差收音机的安装

1. CXA 1191 AM/FM 收音机的总装步骤

领取收音机套件后，认真清点、核对元件，用一个小螺钉将电位器与小拨盘上紧，用螺母和螺钉将拉杆天线及焊片固定在机壳后盖上，最后将剩余螺钉和电池簧、片粘在扬声器的磁铁上以防丢失。完成上述工作后可按如下步骤开始安装。

（1）焊装 J_2 和 J_3（这是两根短跳线，可用剪下的元件引脚来担任）。

（2）焊装 3 只空心线圈 L_2、L_3、L_5（请注意 L_3 是三圈电感）。

（3）焊装 4 只电阻。注意 R_1 未用，R_2、R_5 贴着板面采用卧式法安装，R_3、R_4 采用立式法安装；

（4）焊装 16 只瓷片电容和 7 只电解电容。先装瓷片电容，后装电解电容。注意电解电容的极性切勿装反且安装时必须紧贴底板。C_1、C_2、C_3、C_4 不能安装在方孔之中。方孔是安装可变电容器的专用孔。

（5）焊装中周 T_1（黄色）、T_2（粉红色）及具有中周外形的本振线圈 L_4（红色）。注意该三个元件的位置千万不能错位。焊接时，其金属壳要紧贴底板，确保与底板垂直，且先焊住 1 个引脚，待确认无误后再全部焊好其余引脚。

（6）焊装陶瓷滤波器 CF1、CF2。注意字面向外紧贴底板。

（7）焊装四联可变电容器。先将四联可变电容器的中间双焊片同时插入靠近 L_3 的方孔之中，插好全部 7 个焊片到安装的方形孔中，确认方向无误，再上紧两颗固定螺钉，将焊片压倒后方可焊接。

（8）焊装波段开关 K_1、电位器和耳机插座。注意三个元件均应紧贴底板。

（9）装焊集成块。对比印制线与 IC 块引脚号，第 1 引脚应安装在靠近 T_2 的方向，如图 6.4-3 右下角的 IC 块图所示。确认无误并对齐所有引脚后，焊接对角线的两只引脚以固定 IC 块，再认真核对各脚是否与相应的印制线对齐，严禁错位或歪斜。若有错位，则需重新焊接。确认引脚无误后，可焊接其余各引脚（可采用拖焊工艺）。焊完后用万用表检测各引脚与相应的印制线是否焊通，若不通应马上补焊。仔细观测相邻各引脚是否有短路，若有短路现象应立即排除。焊接过程中千万不能损伤印制铜箔。若有失误，不得盲目处置。

（10）连接电池片、喇叭线和连线 J_1。电池片和塔簧应先焊好导线，待冷却后再安装到机壳上，以免烫坏塑料机壳而装不上电池）。

（11）将喇叭线和电源正、负极连线分别接至印制板的相应位置，见图 6.4−3。建议将这些连线焊在元件背面，再将天线线圈的三个接头焊到印制板的相应位置。所用导线应先镀锡，请参阅连线的焊前处理。

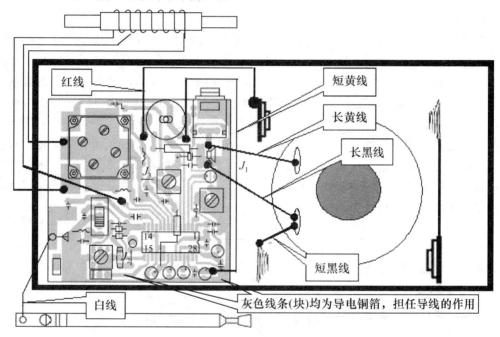

图 6.4−3　CXA 1191 超外差收音机跳线、电池夹、杨声器、天线的连线示意图（铜箔面）

建议：为了美观和便于调试，除拉杆天线的白色线和磁性天线的纱包线以及 J_2、J_3 需要从元件面穿过安装孔焊装外，其他连线与跳线均从印制板面直接焊装，不需穿过安装孔。

2. 安装工艺

电子元件在安装时必须遵循其工艺要求，不仅要达到美观、耐用的效果，而且要尽量避免电子元件之间的电磁干扰。下面对常见的工艺做简单介绍。

1）卧式安装工艺

对于印制板空间足够的电阻、电感等元件，可采用卧式安装，将元件引线按孔距弯折成 $90°$，顺利地穿过安装孔。对工作时不会发热的元件（工作时功率小），可以紧贴底板，如图 6.4−4 所示；对于要发热的元件，必须离开底板 2mm～10mm。工作时温度越高的元件，离开底板应越远。对于大而重的元件，还应在引脚处套上金属导管加以支撑，或将引脚靠近底板处处理成扁形，以支撑元件，防止因工作温度高造成焊锡熔化而元件向下脱落。

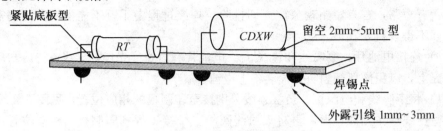

图 6.4－4　卧式安装示意图

2）立式安装工艺

当印制板上预留的安装孔比元件的长度短时，就要采用立式安装法。对于电容、立式电感等元件，直接插入安装孔中，保证下部紧贴底板就可以焊接了。但对于杆形的电阻、电感、电容、二极管等元件，就要弯曲上面一个引脚，弯曲时一定不能紧靠元件弯曲，以免折断。安装时，也不能紧贴底板，应留 1mm 左右，以防元件受力而折断，如图 6.4－5 所示。有必要时，应当在被弯曲的引线脚上套上黄腊管、塑料管等绝缘物，以防止与周围元件形成短路。对于大、重型元件来说，一要防止在安装时与机壳相关部位不吻合现象的发生，二要防止因自重、振动等原因造成压力而损坏电路铜箔的现象。在安装时一定要仔细对位和紧贴底板，有些工艺还专门为这些元件设计了橡皮垫子来减振，但会增加不少成本。

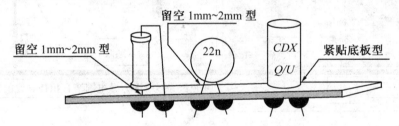

图 6.4－5　立式安装（大型元件必须紧贴底板）示意图

3. **连线的处理**

在电子设备的安装中，总离不开导线的焊接，而线头的处理至关重要。没处理好的线头容易折断和造成虚焊，日后也易加速氧化。正确的处理工艺是：用剪刀或斜口钳剥去一段约 5mm 的塑料外皮，注意在处理多芯线时不能损伤或断裂一根铜线；将多股芯线紧紧地绞合在一起，如图 6.4－6（a）所示；左手持导线，将线头放在固体松香上，右手持电烙铁，用电烙铁工作面对线头加温，待线头熔入松香后，将其拖出，然后用饱含焊锡的电烙铁对导线头进行镀锡，直到线头全面镀上薄薄的一层焊锡为止。线头受热后，其塑料外皮会有少许收宿，如果线头超出 5mm，应将多余的线头剪去。处理好线头后，再将导线正式焊装到电路中去。

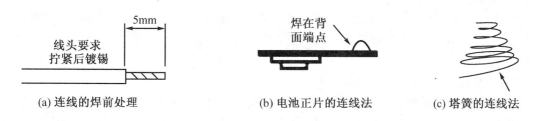

(a) 连线的焊前处理　　　　　(b) 电池正片的连线法　　　　(c) 塔簧的连线法

图 6.4-6　导线和电池极片的焊接工艺

4. 电池座的处理工艺

在收音机的安装中会安装电池的极片，并且要进行极片连线的焊接工作。在安装极片时要注意三点：一是所用的导线必须事先镀好焊锡，线头长度在 5mm～8mm 为宜；二是要焊接在不影响电池接触的地方，如图 6.4-6（b）、（c）所示，焊锡点也不要过大；三是必须在外面焊接，并待极片完全冷却后再插入机壳的相应位置，以免将塑料座烫变形而使机壳报废。

6.4.3　产品调试

1. 静态调试

所谓静态调试就是指收音机在没有接收到电台信号状态下的静态工作点的测试与调整。

收音机装焊完成后，先检测装焊有无问题，用万用表测量整机工作电流和 IC 各引脚电压来判断电路工作是否基本正常。收音机的主电路由集成电路构成，其静态工作点的调试非常简单，一是测试静态电流，二是测试静态电压。当静态电流完全符合参考值时，可判为静态工作基本正常。如果在交流调试中出现莫名其妙的故障时，就必须进行静态电压的全面测试，作为综合分析故障的依据。对于单片集成电路系统的调整，主要是检查和排除焊接方面有无短路、桥接、虚焊、脱焊等工艺方面的故障，以及检查和确认元件参数是否正确无误、电解电容器的极性是否正确无误，还有就是检查集成电路的引脚有否焊装颠倒等工艺性错误。

1）整机电流的测试

测试方法是将电池安装好，将音量电位器的开关旋至关闭状态，再将万用表的两只表笔分别接在电位器开关的两个焊点上。万用表应事先置于 100mA 档，若测得电流很小时再换到 25mA 档。

波段开关位于 FM 时，其静态电流参考值为 $5.3 \times (1 \pm 20\%)$mA。

波段开关位于 AM 时，其静态电流参考值为 $3.4 \times (1 \pm 20\%)$mA。

当收到不同电台时，其工作电流均大于静态工作电流，但收到电台后其动态电流均应小于 100mA。

若测量所得电流过小，则有可能是元器件脱焊或虚焊；若测得电流过大，则有可能是焊点之间短路或元器件装配错误，详细分析请参阅 6.4.4 节。

注意：如果电流远远超过参考值，说明有严重短路或集成块装配错误，应立即断开电源，取下电池，否则可能造成元器件的损坏，特别是集成电路的损坏，或者电池发烫而报废。

2）集成电路各引脚电压的测试

如果静态电流值基本正常，但在下面的试听中无法收听到电流声或电台广播，就需要测试 CXA 1191 集成电路的各引脚电压，对照表 6.4-1 中的参考值来综合分析故障所在。

3）试听

在总电流值正常时，将波段开关 K_1 分别拨至 FM 或 AM 处，调大音量电位器，应该听到悦耳的流水声。调节四联可变电容收听广播，若能收到不同电台的广播，说明收音机的装配和焊接基本正确，可进行动态调试。若收不到或根本无声，应回到第一步，重新检查并找出故障所在，并逐一排除，最终完成静态调试。

注：在进行以上各步调试时，千万不可调节 T_1、T_2 和 L_4。

表 6.4-1　FM/AM 状态下 CXA 1191M 各引脚对地电压值和引脚功能

引脚	引脚功能	AM 对地电压 /V	FM 对地电压 /V	引脚	管脚功能	AM 对地电压 /V	FM 对地电压 /V
1	静噪	0.05	0.05	15	波段开关	0	1.7
2	FM 鉴频	3	3	16	AM 中频输入	0	0
3	功放负反馈	1.76	1.76	17	FM 中频输入	0	1.7
4	音量控制	0.5	0.5	18	地	0	0
5	AM 本振	1.6	1.6	19	FM 指示器	0	0
6	AFC 输入	1.5	1.5	20	地	0	0
7	FM 本振	1.6	1.6	21	AFC 输出	1.6	1
8	1.2V 稳压输出	1.2	1.2	22	AGC 输出	1.6	2
9	FM 高放谐振	1.6	1.6	23	音频输出	1.6	0
10	AM 高频输入	1.6	1.6	24	音频输入	0	0
11	地	0	0	25	交流接地	3	3
12	FM 高频输入	0	0.08	26	VCC	3	3
13	地	0	0	27	功放输出	1.7	1.7
14	调谐器输出	0.4	0.6	28	地	0	0

2. 动态调试

注：调节磁芯元件 L_4、T_1、T_2 时严禁用导磁性起子，最好采用无感的专用起子，还要防止用力过大将磁芯调碎裂。

1）手工动态调试（利用标准收音机来判断接收频率的调试法）

首先准备一台 AM/FM 市售收音机，下面称为"甲机"，待调整的收音机称为"乙机"。

（1）AM 波段拉覆盖的调整。

① 先将乙机的波段开关拨至 MW（中波）位；转动四联大拨盘，在低端收到电台信号，再用甲机收到相同电台的信号，根据甲机指针所在的位置判断这个电台是频率高端台还是低端台。如果指针在 1000kHz 以下，则归为低端台；如果指针在 1000kHz 以上，就归为高端台。假如此时甲机指针在 790kHz，收到的就是成都台，这时就应当进行乙机低端拉覆盖（也称对指针）的工作。

② 低端拉覆盖。微微调节 L_4（红色中周式样），使乙机的广播声音刚刚消失，然后调节四联电容的大拨盘，使乙机的指针向 790kHz 处移动，再次收到这个电台，反复这个操作，直到乙机指针与 790kHz 对齐为止。此过程中如果声音变小，噪声增大，可适当调节磁性天线 L_1 在磁棒上的位置或微调一下黄色中周 T_1，也就是粗调一下跟踪。

③ 高端拉覆盖。低端覆盖拉好后，乙机在高端就一定能收到电台了。首先用乙机在高端收到一个电台，再用甲机在高端收到相同的电台，根据甲机的指针位置来调节乙机。假如甲机指在 1400kHz，此时应调节乙机四联电容上面的微调电容 C_2，使乙机的广播声刚刚消失，然后调节四联电容的大拨盘，使乙机的指针向 1400kHz 处移动，再次收到这个电台，反复这个操作，直到乙机的指针与 1400kHz 对齐为止。关于微调电容 C_2 以及 C_1、C_3、C_4 在四联电容上的分布位置请参阅后续"专用设备调试"部分。

（2）FM 波段的拉覆盖。

FM 波段拉覆盖的方法与 AM 波段拉覆盖的方法基本相同，所不同的是甲机和乙机都应转换到 FM 工作方式，且必须拉出拉杆天线。在低端拉覆盖时，乙机的被调节元件是 L_3；在高端拉覆盖时，乙机的被调节元件是 C_4。FM 波段的高低端分界点是 95MHz。

（3）跟踪的调试。

拉覆盖调试好后就可进行跟踪的调试。在跟踪调试时不再使用甲机做参考。

跟踪的原理就是调节天线回路的谐振频率，使四联电容转动而改变本振频率的同时，天线回路的谐振频率也同步变化，且始终保持比本振频率低一个中频，这样才能保证收到电台时的差频为 455kHz 的中频，从而顺利通过各个中频滤波器，方能得到良好的中频放大。

① 调幅波段"跟踪"的调节方法。调节电容拨盘，在低端收到一个电台（如639kHz 中央人民广播电台）；再调节磁棒天线 L_1 在磁棒上的位置和细调黄色中周 T_1，使声音最大，噪声最小。调节电容拨盘，在高端收到一个电台（如 1400kHz 交通台）；再调节微调电容 C_1 和细调黄色中周 T_1，使声音最大，噪声最小。再反复数次（至少 3次），至满意为止。

注意：在此过程中千万不可调节 L_4 和 C_2，否则在前面调节的拉覆盖成果将毁于一旦。

② 调频波段"跟踪"的调节方法。调节电容拨盘，在低端收到一个电台（如90MHz 附近）；再调节 L_2 与 L_5 和细调粉红色中周 T_2，使声音最大、噪声最小。调节

电容拨盘，在高端收到一个电台（如 102MHz 附近）；再调节微调电容 C_3 和细调粉红色中周 T_2，使声音最大、噪声最小。再反复数次（至少 3 次），至满意为止。

注意：在此过程中千万不可调节 L_3 和 C_4，否则在前面调节的拉覆盖成果将毁于一旦。

（4）收尾工作。

调试完全满意后，将机板安装好并盖上后盖。到此，一台产品级 AM/FM 超外差收音机就诞生了。把调试结果填入"动态结果报告表"中。

有条件者还可用油漆在 3 个中周的磁帽边上滴一小点，再将 L_2、L_3、L_5 这 3 个电感的中间滴上一小点，在 L_1 两端与磁棒之间各滴上一小点，待其干透后再盖上收音机后盖，这样就可保证当收音机受到震动时至关重要的可调元件不至变位而改变其工作频率，影响接收性能。

2）专用设备调试（用 Tss-10 集总式扫频仪调试超外差收音机）

（1）调试目的。

通过专用设备可以将收音机内的本机震荡器工作频率调整在设计范围之内，常称为拉覆盖或叫对指针。如 AM 波段时，本机震荡器的工作频率应当震荡在 990kHz～2060kHz，此时能够收到的电台数量才会最多。

（2）工位显示屏的准备工作。

① 向外拉出 Power 钮，电源指示灯亮，稍等片刻，屏上出现一条亮线；旋转 Power 钮，使其亮度适中，再将左下方的输入线夹子夹在一起短路。

② 将显示器左下角的输入方式开关拨至 DC 位。

③ 反复调节 ←→ 钮和 ↕ 钮，使亮线处于屏幕中部。

④ 反复调节 ←→ 钮和 HOP 钮（水平扩展/压缩钮），使亮线中的 5 个亮点均出现在屏幕上，如图 6.4-7 所示。

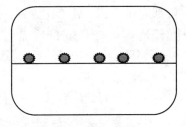

图 6.4-7　工位显示屏

这 5 个亮点就是 5 个扫频标记点，其意义如图 6.4-8、图 6.4-9 所示。

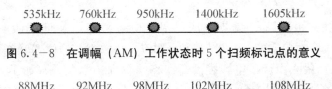

图 6.4-8　在调幅（AM）工作状态时 5 个扫频标记点的意义

图 6.4-9　在调频（FM）工作状态时 5 个扫频标记点的意义

注：若亮点呈脉冲状态"∧"时，请将显示器背面的"频标方式开关"拨至下方（点式）位置。

（3）调幅波段"拉覆盖"的调节方法。

① 按图 6.4－10（a）接好收音机。在磁棒天线的引线①端焊接一只 30pF~150pF 电容器做信号输入耦合元件；在 C_{20} 与 C_{16} 的公共焊点处焊接一根 20cm 长的导线做信号输出线；在扬声器的接地端焊接一根 20cm 长的导线做地线的引线。

② 将电路板装回机壳内并拧紧固定螺钉。千万注意所焊引线不要造成任何短路。

③ 将收音机波段开关拨至 MW（中波）位，使收音机在调幅状态工作。

④ 安装好收音机的电池以后打开收音机的电源开关。

⑤ 调节低端覆盖。将可变电容器拨盘逆时针方向旋到底（即指针向下到 540kHz 末端）。

⑥ 观察屏上最左边的脉冲位置与幅度并调节好。

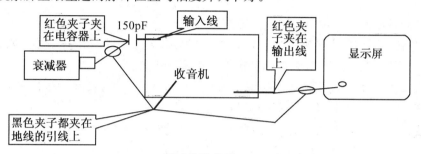

(a) 调试前连线图

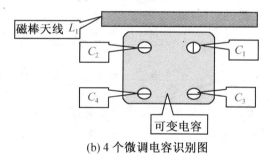

(b) 4 个微调电容识别图

图 6.4－10　连线准备和微调电容识别图

方法：调节红色中周 L_4，即可左右移动脉冲，使峰尖对准 535kHz 频标点，如图 6.4－11 所示。若脉冲的幅度超过屏幕，可调节显示器左下角"输入电平幅度"旋钮或拨动衰减器开关，使脉冲完美地显示在屏幕中。

图 6.4－11　调幅的中波波段低端拉覆盖的调节

⑦ 调节高端覆盖。可变电容拨盘顺时针方向旋到底，即指针向上到 1600kHz 末端。

⑧ 观察屏上最右边的脉冲位置与幅度并调节好。

方法：调节微调电容 C_2，即可左右移动脉冲，使峰尖对准 1605kHz 频标点，如图 6.4－12 所示。

图 6.4-12　调幅的中波波段高端拉覆盖的调节

⑨ 反复步骤⑤~⑧进行精细的调节，使脉冲在两端的幅度相同且最高，两端的尖峰均与频标点对齐。有必要时在高端也可微调 L_4。

⑩ 卸去扫频仪的全部夹子，让收音机远离扫频仪，方能进行接收电台的工作。细调黄色中周使声音最大、噪声最小。

注意：接收电台的工作也可待 FM 调节完毕后再进行。

（4）调频波段"拉覆盖"的调节方法。

① 将衰减器红色夹子夹在拉竿天线上，其余接法与调幅时相同，接好收音机，将收音机波段开关拨至 FM 位，使收音机工作在调频状态。

② 低端拉覆盖。将可变电容拨盘逆时针方向旋到底，即指针向下到 88MHz 末端。

③ 观察屏上最左边的 S 曲线位置与幅度并调节好。

方法：调节 L_3（3 圈电感），用摄子将线圈慢慢拉开，即可左右移动 S 曲线，使 88MHz 频标点出现在 S 曲线中心。频标点出现在上方就向下移动，出现在下方就向上移动，如图 6.4-13 所示。

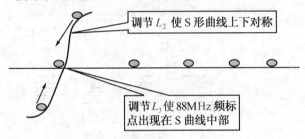

图 6.4-13　调频波段低端拉覆盖的调节

④ 高端拉覆盖。将可变电容拨盘顺时针方向旋到底，即指针向上到 108MHz 末端。

⑤ 观察屏上最右边的 S 曲线位置与幅度并调节好。

方法：调节微调电容 C_4，即可左右移动 S 曲线，使 108MHz 频标点出现在 S 曲线中心。频标点出现在上方就向下移动，出现在下方就向上移动，如图 6.4-14 所示。

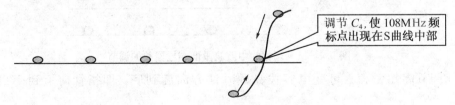

图 6.4-14　调频波段高端拉覆盖的调节

⑥ 反复步骤③~⑤进行精细的调节，使 S 形曲线在两端均与频标点对齐。必要时在高端也可微调 L_3。

⑦ 卸去扫频仪的全部夹子，让收音机远离扫频仪，方能进行接收电台的工作。细调粉红色中周使声音最大、噪声最小。

注意：接收电台的工作也可待 FM 和 AM 全部调节完毕后再进行。

（5）调幅波段"跟踪"的调节方法。

首先让收音机远离射频信号强烈的实验室

① 调节电容拨盘，在低端收到一个电台（如 639kHz 中央人民广播电台）；再调节磁棒天线 L_1 在磁棒上的位置和细调黄色中周 T_1，使声音最大，噪声最小。

② 调节电容拨盘，在高端收到一个电台（如 1220kHz 四川人民广播电台）；再调节微调电容 C_1 和细调黄色中周 T_1，使声音最大、噪声最小。再反复数次（至少 3 次），至满意为止。

注意：在此过程中千万不可调节 L_4 和 C_2，否则在前面用仪器调节的成果将毁于一旦。

（6）调频波段"跟踪"的调节方法。

首先也要让收音机远离射频信号强烈的实验室，将拉杆天线全部拉出。

① 调节电容拨盘，在低端收到一个电台（如 90MHz 附近）；再调节 L_2 与 L_5 和细调粉红色中周 T_2，使声音最大、噪声最小。

② 调节电容拨盘，在高端收到一个电台（如 102MHz 附近）；再调节微调电容 C_3 和细调粉红色中周 T_2，使声音最大、噪声最小。再反复数次（至少 3 次），至满意为止。

注意：在此过程中千万不可调节 L_3 和 C_4，否则在前面用仪器调节的成果将毁于一旦。

（7）收尾工作。

调式完全满意后，将收音机电路板取出，再把焊上的输入线和输出线烫下来，最后将机板安装好并盖上后盖。到此，一台产品级 AM/FM 超外差收音机就诞生了。把调试结果填入"动态结果报告表"中。

有条件者还可用油漆在 3 个中周的磁帽边上滴一小点，再将 L_2、L_3、L_5 这 3 个电感的中间滴上一小点，在 L_1 两端与磁棒之间各滴上一小点，待其干透后再盖上收音机后盖，这样就可保证当收音机受到震动时至关重要的可调元件不至变位而改变其工作频率，影响接收性能。

6.4.4　收音机调试中的常见问题分析

1. 整机静态电流 I_0 过大或过小

1）I_0 过大

整机静态电流 $I_0 \gg 30\text{mA}$。

（1）集成电路虚焊，造成电路自激，使静态电流偏大。

（2）焊点短路，特别是 IC 块的引脚间极易因焊接不当而短路。仔细检查各焊点，焊点不要过大，对怀疑处加以整理。

（3）集成电路焊反，将引脚 1 焊到了引脚 15 的位置。此时应立即断开电源，用热风机将集成电路吹下并重焊。

（4）集成电路损坏。测试 IC 块引脚 26 电压，再测试引脚 27 电压，后者应约等于前者的 1/2，即 $1.5V\pm0.2V$，否则 IC 块可能已经损坏。

2）I_o 过小

（1）电池接触不良。测电池夹的两个引线端，应指示电压为 $3V\pm0.3V$。

（2）连线 J_1 未接好或根本未接。打开电源开关（旋钮），测试 IC 块引脚 26 电压，其值应约为 3V。

（3）IC 块引脚有虚焊，造成部分电路未工作而电流很小。

（4）跳线 J_2 未接上，造成 IC 块高频部分的电路没有工作。

2. 开机无声

正常时，收音机电池装好后开启电源就应听到哗哗的噪声（AM 波段时噪声很大，FM 波段时噪声应当小许多）。

（1）扬声器引线接错，造成信号不能顺利到达扬声器。仔细对照图纸接好引线。

（2）耳塞插座对地短路。此时用万用表 RX1 挡刮测扬声器两端虽然显示为导通状态，但扬声器却不发出声音。若将扬声器的引线焊下一根，再测扬声器时就有声音，而测主板上扬声器输出端仍为导通状态，则判定为耳塞插座对地短路，通常是耳塞插座焊点过大而造成短路。

3. 在 AM 能够收到电台，但声音很小，在 FM 根本收不到电台

（1）扬声器连线接反。扬声器上有一根黑色短线连到电池负端，这根线再通过黑色长线连至主板，并且一定要接到主板的地线铜箔上，千万不能与扬声器上的另一根线接反了。另一根线必须接到耳塞插座的焊点上，整机的供电系统和信号系统才能正常工作。

（2）扬声器质量不好。在测判扬声器质量时其发声就很小。

4. 在 AM 不能收到电台，但流水声和 I_o 基本正常

（1）AM 本振频率偏离设计值太远。用无感改刀调节 T_1（红色中周式样）的磁帽，一般应顺时针调节 0.5~1.5 圈，一边搜索电台一边缓缓调节磁帽，待收到电台信号后再按"拉覆盖"、"跟踪"的方法进行调试。

（2）磁棒天线没接好或引线断裂。可测试已接好天线线圈 L_1 的主板上标注有①、②、③的焊点，3 个点间均应呈导通状态。

（3）本振电路停振。T_1 内部有短路或开路，或相关的元件有短路或开路。

5. 在 FM 不能收台

（1）J_3 没有焊好。J_3 是 FM 的信号线。

（2）拉杆天线没接好或未上紧固定螺钉。调节 FM 收台时必须将拉杆天线全部拉出，其固定到机壳的螺钉也同时担任信号引出线的"焊接"作用，必须要上紧螺钉至其焊片用手轻摇时也不晃动为止。

（3）L_2、L_3、L_5 没有焊好，特别是 L_2 和 L_3 用手轻轻摇动时，不能有晃动的现象，否则为虚焊。

（4）有关 FM 专用通道的元件存在虚焊或焊点间短路的现象。

6. AM 或 FM 均不能收台，但 I_o 正常，噪声基本正常

（1）四联可变电容接反。AM 或 FM 的高频部分频率远离设计值，有时在 AM 或 FM 会收到一些设计范围以外的电台，但数量很少。

（2）电池电压不够。当使用普通 3V 电池供电时，电压降至 2.5V 以下就应换新；当使用 2.4V 可充电池时，电压降至 2.38V 以下就应重新充电，否则会造成电压过低而本振停振，不能收台。

（3）AM 和 FM 的交流调试相差太远。请参阅超外差收音机交流调试的有关章节。

7. AM 或 FM 都能收台，但收台数量很少

（1）收音机的拉覆盖工作没有做好。请参阅 6.4.3 节中的"手工调试"或"专业调试"方法进行调节。

（2）收音机的跟踪调节没有做好。当跟踪不良时，收音机高频部分就不能很好地差频出所收到电台信号的中频，造成弱信号的电台信号不能有效地放大，表现出来就是收台数量少。

第七章 电子系统设计与实践实例

电子理论的不断延伸和工艺技术的飞速发展，使新元件、新部件层出不穷。作为电子设备的基础零部件的各种电子元器件和电子部件由大、重、厚向小、轻、薄方向发展，一个突出的特征是由有引线向无引线方向发展。伴随着无引线电子元器件及计算机辅助设计与仿真等其他先进技术和工艺的应用，电子产品逐步实现了智能化、微型化、集成化和声表面化。

为了更好地学习先进技术，并使基础理论知识能在大学阶段得到综合应用和实施体验，大学生可通过进行下面的几个设计与制作实习，进而掌握现代电子产品设计和制作的基础理论及方法。

7.1 CPLD/FPGA 设计与实践

CPLD/FPGA 设计详见《电子系统设计与实践实习任务与报告书》的第二阶段数字逻辑系统的设计实践。

7.2 电子工艺与超外差收音机实践

超外差收音机设计与实践详见《电子系统设计与实践任务与报告书》的第一阶段电子工艺技术训练与产品调试实践。

7.3 数字式万用表设计与实践

数字万用表设计与实践详见《电子系统设计与实践实习任务与报告书》的数字式万用表设计原理与实习任务书。

7.4 智能型多功能直流稳压充电器设计与实践

智能型多功能直流稳压充电器设计与实践详见《电子系统设计与实践实习任务与报告书》的智能型多功能直流稳压充电器设计原理与实习任务书。

7.5 智能小车设计与实践

智能小车设计与实践详见《电子系统设计与实践实习任务与报告书》的智能小车设计原理与实习任务书。

7.6 无线遥控式电子音乐门铃设计与实践

无线遥控式电子音乐门铃设计与实践详见《电子系统设计与实践实习任务与报告书》的无线遥控式电子音乐门铃设计原理与实习任务书。

7.7 无线调频式对讲系统设计与实践

无线调频式对讲系统设计与实践详见《电子系统设计与实践实习任务与报告书》的无线调频式对讲系统设计原理与实习任务书。

附录一

数字逻辑系统的设计实践

第一部分　MAX+plusⅡ软件入门与掌宇FPGA/CPLD芯片开发平台入门实习

一、实习时间

实习1次（3~4课时）。

二、实习目的

（1）掌握MAX+plusⅡ软件的初步应用方法。
（2）体会采用PLD方案实现逻辑功能的原理与方法。
（3）体会数字逻辑电路的控制原理。
（4）学习CPLD/FPGA开发平台的应用以及芯片的开发和在线校验（仿真）方法。

三、实习任务与实习步骤

1. 任务一：EDA设计与仿真

（1）按照图1-1在MAX+plusⅡ软件环境中选择原理图输入方式进行"四线—七段译码器/驱动器"的输入设计。软件的基本操作请认真参阅本教材第四章中关于"MAX+plusⅡ软件实践"部分。

（2）完成逻辑编译、软件仿真工作。

（3）根据逻辑仿真结果填写EDA仿真校验报告表（表1-1）。

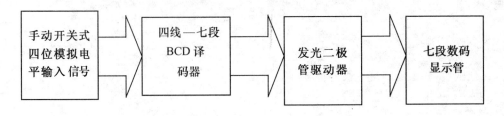

图1-1　BCD码的数码管驱动系统结构图

2. 任务二：芯片开发与模拟仿真（选作）

用此逻辑功能设计一个共阴式数码管的驱动电路（如图1-2），并利用掌宇开发平台提供的开发环境对 EPF8282ALC84-4 型 FPGA 芯片进行开发，采用掌宇开发平台提供的输入开关实现对 D0I、D1I、D2I、D3I 的四位 BCD 码输入和 LTI、RBI、BI 控制端口的逻辑输入。观察开发平台所提供的输出设备（共阴式数码管、发光二极管）的显示状态来进一步验证 7446 软件仿真校验报告表（表1-1）的正确性，并完成表1-2的仿真校验项目。

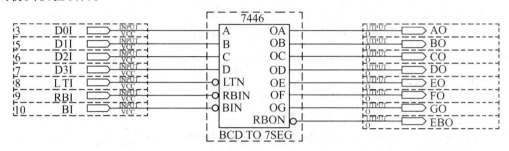

图1-2 四线—七段译码器/驱动器模块 7446（BCD 输入，开路输出）

7446功能引脚说明：D0I、D1I、D2I、D3I，四位 BCD 码输入端；LTI，试灯控制输入端（L）；RBI，动态灭灯（消隐）输入端（L）；BI，强行灭灯输入端（L）；AO、BO、CO、DO、EO、FO、GO，七段数码管驱动输出端（可直接点亮 LED 管）；RBO，动态灭灯输出端（L）。这里的 L 代表低电平有效

四、任务一的工作流程索引

任务一的工作流程见图1-3。

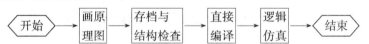

图1-3 只进行 EDA 仿真不下载的工作流程（软件仿真）

五、任务二的工作流程索引

任务二的工作流程见图1-4。

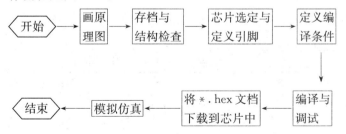

图1-4 只进行下载仿真的工作流程（硬件仿真）

六、任务二的硬件要求

1. 芯片的选择

必须选择实习中心提供的 FPGA 芯片：FLEX 8000 系列的 EPF8282ALC84－4 型芯片进行开发。

2. 对引脚定义的建议

（1）输入类引脚：D0I 采用 P01，D1I 采用 P02，D2I 采用 P03，D3I 采用 P04（用 4 个 DIP 开关担任）。控制端 LTI 采用 P34，RBI 采用 P35，BI 采用 P36（用 3 个 DIP 开关担任）。建议仿真开始时这三个端均将 DIP 开关拨至上方，设为 H 电平，然后分别设为 L 电平来体会其控制功能。

（2）输出类引脚：灭灯指示 RBO 采用 P55（用一支发光二极管担任）。数码管驱动选 DP6，各引脚分别是：AO 采用 P43，BO 采用 P44，CO 采用 P45，DO 采用 P46，EO 采用 P48，FO 采用 P49，GO 采用 P50（用右上角的一个发光数码管来担任）。

七、参考资料

1. 共阴式七段数码显示管参考资料

共阴式七段数码显示管的段位图和内部电路结构图见图 1－5。

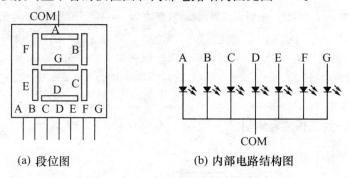

(a) 段位图　　　　　　　(b) 内部电路结构图

图 1－5　共阴式七段数码显示管

2. 7446 内部逻辑功能参考资料

查阅 7446 内部逻辑图的方法：可在 MAX＋plus Ⅱ 软件环境中用鼠标左键双击 7446 这个元件。

八、任务一实习报告书

1. 根据软件仿真结果记录 7446 数字模块 EDA 软件仿真校验输出电平并填写到表 1－1 中

表 1－1　7446 译码器仿真校验报告表

十进制数或功能	输入电平							输出电平							
	BI	LTI	RBI	D3I	D2I	D1I	D0I	RBO	AO	BO	CO	DO	EO	FO	GO
0	1	1	1	0	0	0	0								
1	1	1	X	0	0	0	1								
2	1	1	X	0	0	1	0								
3	1	1	X	0	0	1	1								

十进制数或功能	输入电平							输出电平							
	BI	LTI	RBI	D3I	D2I	D1I	D0I	RBO	AO	BO	CO	DO	EO	FO	GO
4	1	1	X	0	1	0	0								
5	1	1	X	0	1	0	1								
6	1	1	X	0	1	1	0								
7	1	1	X	0	1	1	1								
8	1	1	X	1	0	0	0								
9	1	1	X	1	0	0	1								
强行灭灯	0	1	X	X	X	X	X								
动态灭灯	1	1	0	0	0	0	0								
	1	1	0	1	0	0	1								
试灯	1	0	X	X	X	X	X								

注："1"表示高电平；"0"表示低电平；"X"表示任意（随机）电平

2. **分析表 1—1 逻辑仿真的结果并回答下列问题**

（1）数字模块 7446 的驱动电平适合共阳式数码管还是适合共阴式数码管？

答：

（2）LTI（试灯控制输入端）的功能是当 LTI 端口输入为 L 电平时，_____发光；当输入为 H 电平时，_____发光。

（3）RBI（动态灭灯输入端）的功能是当 RBI 端口输入为 L 电平且数码输入为____ _____状态时数码管不发光；当输入为 L 电平且数码输入为_____状态时数码管要发光。

（4）BI（强行灭灯输入端）的功能是当 BI 端口输入为 L 电平时，_____发光；当输入为 H 电平时，_____发光。

（5）RBO（动态灭灯输出端）的功能是当 RBI 输入为 L 电平且 LED 全灭状态时，该引脚输出为_____电平。

九、任务二实习报告书

1. **共阴式数码管驱动电路设计方案原理说明**

2. 硬件开发下载仿真结果校验报告

表1-2 硬件开发下载仿真结果校验报告表

十进制数或功能	输入电平							输出结果	
	BI	LTI	RBI	D3I	D2I	D1I	D0I	数码管显示状态描述	RBo 状态
0	1	1	1	0	0	0	0		
1	1	1	X	0	0	0	1		
2	1	1	X	0	0	1	0		
3	1	1	X	0	0	1	1		
4	1	1	X	0	1	0	0		
5	1	1	X	0	1	0	1		
6	1	1	X	0	1	1	0		
7	1	1	X	0	1	1	1		
8	1	1	X	1	0	0	0		
9	1	1	X	1	0	0	1		
10	1	1	X	1	0	1	0		
11	1	1	X	1	0	1	1		
12	1	1	X	1	1	0	0		
13	1	1	X	1	1	0	1		
14	1	1	X	1	1	1	0		
15	1	1	X	1	1	1	1		
强行灭灯	0	1	X	X	X	X	X		
动态灭灯	1	1	0	0	0	0	0		
	1	1	0	1	0	0	1		
试灯	1	0	X	X	X	X	X		

第二部分 十进制计数器的设计与 FPGA/CPLD 开发平台应用实践

一、实习时间

实习1次（3~4 课时）。

二、实习目的

(1) 进一步训练 MAX+plus Ⅱ 软件的应用技巧。

(2) 体会时序逻辑功能实现的原理与方法。

(3) 体会时钟信号在逻辑电路中的控制原理。

(4) 学习 CPLD/FPGA 芯片开发平台的应用以及芯片开发和在线校验方法。

三、实习任务与实习步骤

1. 任务一：EDA 设计

(1) 利用 Altera 公司在 MAX＋plus Ⅱ 软件包中提供的标准数字模块十进制计数器：74160、74162、74168、74169、74190、74192 等（不允许使用 74290、7490、74390、74490 模块），在 MAX＋plus Ⅱ 软件环境中选择原理图输入方式进行"两位（具有个位和十位）十进制计数器"的项目设计工作。

(2) 完成逻辑编译工作。

2. 任务二：芯片开发与硬件模拟仿真

利用任务一设计的两位十进制计数器和实习一中设计的数码管驱动电路，将两者组合成一个能驱动掌宇开发平台提供的共阴式数码管电路，并且要求十位具有动态灭灯（消隐）功能（逻辑功能如图 1－6 所示），并利用掌宇开发环境实现对 EPF8282ALC84－4 型 FPGA 芯片进行下载开发，再分别利用掌宇开发平台提供的输入按键进行手动时钟输入和开发平台振荡器提供的自动时钟信号作输入。观察开发平台所提供的输出设备——共阴式数码管的显示状态来验证这个两位十进制计数器设计项目的正确性。

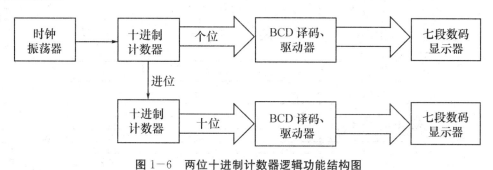

图 1－6　两位十进制计数器逻辑功能结构图

四、工作流程索引

请参考图 1－4 的工作流程索引图。

五、硬件要求

1. 芯片的选择

必须选择 FPGA 芯片——FLEX 8000 系列的 EPF8282ALC84－4 型芯片进行开发。

2. 对 FPGA 芯片引脚定义的建议

(1) 手动时钟引脚：CLK 采用 P84（用一个板载按钮担任）。

(2) 自动时钟引脚：CLK 采用 P73（用一个板载振荡器担任）。

(3) 输出类引脚：数码管驱动选 DP6，各引脚分别是：AO 采用 P43，BO 采用 P44，CO 采用 P45，DO 采用 P46，EO 采用 P48，FO 采用 P49，GO 采用 P50。

六、参考资料

标准数字模块——四位十进制同步计数器（同步清除）74162 模块引脚功能与内部逻辑图。

1. 74162 模块引脚功能

74162 模块引脚的功能如图 1−7 所示。

1）输入类

A、B、C、D：四位预置数据输入端。

LDN（$\overline{LD}$）：置数控制输入端。

CLRN（$\overline{RD}$）：清零控制输入端。

ENT（ET）：计数/保持控制输入端。

ENP（EP）：计数/保持控制输入端。

CLK（CP）：计数脉冲（时钟信号）输入端。

2）输出类

QA、QB、QC、QD：BCD（8421）码输出端。

RCO：进位信号输出端。

2. 74162 模块工作波形图

74162 模块的工作波形如图 1−8 所示。

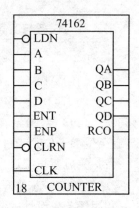

图 1−7　74162 引脚功能图

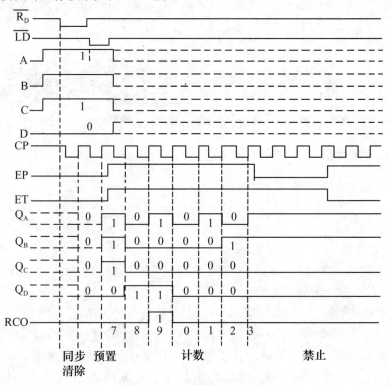

图 1−8　74162 模块工作波形图

注：输入与输出波形用虚线表示的电平为任意（随机）状态

3. 74162 模块功能表

表 1-3　74162 模块功能表

输　入					输　出
CP	$\overline{\text{LD}}$	$\overline{\text{RD}}$	EP	ET	Q
↑	×	L	×	×	全 "L"
↑	L	H	×	×	预置数据
↑	H	H	H	H	计数
×	H	H	L	×	保持
×	H	H	×	L	保持

4. 74162 模块内部逻辑图

查看 74162 模块内部逻辑图的方法与前述查看 7446 模块相同只需点击 "?" 工具图标或双击模块图即可。

七、实习报告书

1. 两位十进制计数器设计方案原理分析

2. 两位十进制计数显示器设计方案原理分析

第三部分　多功能数字钟的设计与实践

一、实习时间

实习 1 次（3~4 课时）。

二、实习目的

(1) 熟练掌握 MAX+plusⅡ 软件的应用技巧。

(2) 通过数字逻辑综合系统的设计，更加深入地理解数字逻辑系统的工作原理。

（3）深入体会逻辑功能电路的控制原理。

（4）进一步掌握 PLD 数字系统的开发应用以及在线校验方法。

三、实习任务与实习步骤

1. 任务一：EDA 设计逻辑电路图

（1）利用 Altera 公司在 MAX＋plusⅡ软件包中提供的标准数字模块十进制计数器：74160、74162、74168、74169、74190、74192 等（不允许使用 74290、7490、74390、74490 模块），设计一个两位六十进制的计数器/译码显示器。

（2）设计一个两位二十四进制的计数器/译码显示器。

（3）将上述功能性模块按照图 1-9 的架构有机地组合成一台简易电子钟（为了节省仿真时间，请省略秒部分）。

2. 任务二：芯片开发与模拟仿真

（1）将逻辑编译后生成的硬件烧录程序"＊.hex"文档通过开发平台下载到 EPF8282ALC84-4 型 FPGA 芯片中。

（2）利用掌宇开发平台提供的开发环境实现电子钟的各项功能。

3. 任务三（加分部分：扩展功能的设计，最高加 5 分）

（1）将二十四进制计时法改进为可手动切换到十二进制，并用一只 LED 来表示上午（灯灭）和下午（灯亮）状态。（1 分）

（2）设计一个可整点报时的电路进行电子钟的功能扩展。（2 分）

（3）设计一个便于快速校准时间的调校电路。（2 分）

四、硬件要求

1. 芯片的选择

选择 FPGA 芯片：FLEX 8000 系列的 EPF8282ALC84-4 型芯片进行开发。

2. 对引脚定义的建议

（1）输入时钟引脚。用于计时的时钟脉冲可采用开发平台提供的 F2 信号，从 P73 输入（可以在 1Hz~1kHz 进行调节）。

（2）时钟调节的单次脉冲和复位信号可采用开发平台提供的单次脉冲信号 SWP1~SWP4 中的任意一个，从 P81、P82、P83、P84 中任选一个作为输入即可，使用时按动相应的按钮。

（3）时钟调节的连续脉冲可采用开发机提供的 F1 信号，从 P31 输入（可以在 1kHz~1MHz 进行调节）。

（4）整点报时的电路可采用 LED 的发光来模拟，可选择开发平台右上方的任意一只 LED 来担任。

（5）代表上午/下午状态的指示灯也可选择开发平台右上方的任意一只 LED 来担任。

（6）功能转换可采用开发平台右下角的 DIP 开关来担任。

（7）用于时钟显示的七段数码管，建议将 DP1 和 DP2 设为小时的显示，将 DP3 和

DP4 设为分钟的显示，这符合中国习惯。具体引脚请参考有关掌宇开发机使用的章节。

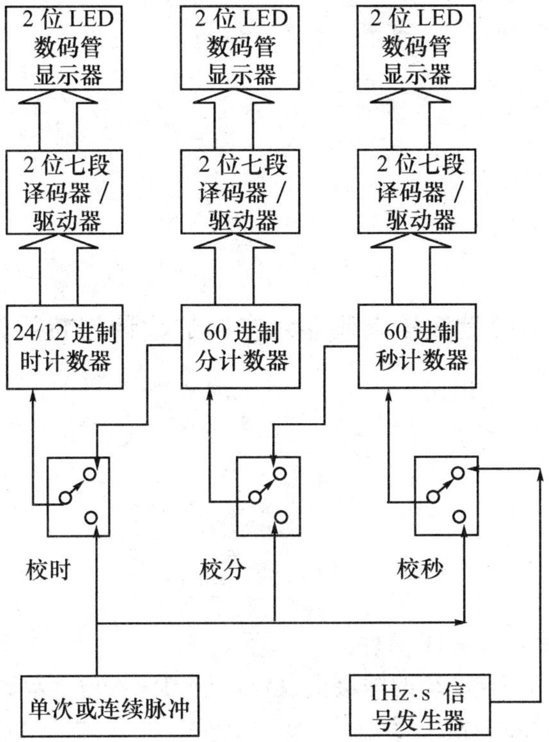

图 1-9　电子钟结构图

五、实习报告书

1. 两位六十进制的计数器/译码显示器设计方案原理分析

2. 两位二十四进制的计数器/译码显示器设计方案原理分析

3. 功能扩展电路设计方案原理分析

第四部分　十六进制键盘扫描译码显示电路的设计与芯片开发

（加分选作实习题，加 10 分）

一、实习时间

实习 1 次（3~4 课时）。

二、实习目的

（1）熟练应用 MAX+plus Ⅱ 软件。

（2）通过数字逻辑综合系统的深层次设计，更加深入地理解数字逻辑系统的设计原理，掌握更多的设计方法和技巧。

（3）熟练掌握 PLD 数字系统的开发应用以及在线校验方法。

三、实习任务与实习步骤

1. 任务：十六进制键盘扫描译码显示电路的设计

参考图 1—11 由 74148 及 7449 组成的 4×4 的十进制键盘扫描译码显示电路，设计一个十六进制键盘扫描译码显示电路，当按下 I0~I15 号键时，其显示为 0~F（如图 1—10 所示），并将设计项目通过掌宇开发系统下载到 PLD 目标芯片中，用硬件实现开发产品应用前的仿真校验。通过设计与实践，掌握组合逻辑电路中译码器的设计技巧并深入理解其工作原理。

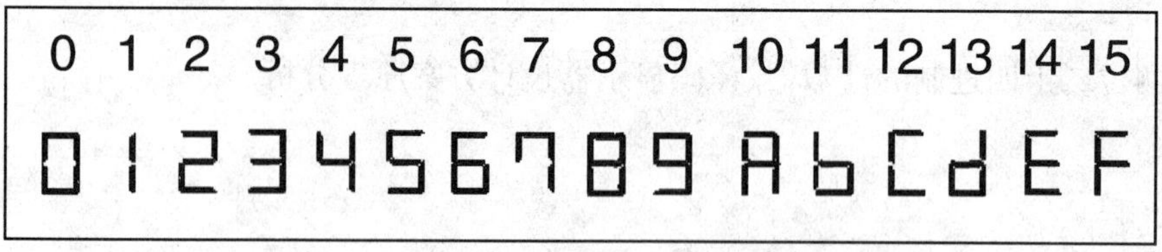

图 1—10　十六进制键盘显示效果示意图

2. 步骤

（1）可任意选择原理图输入或 VHDL 输入方式。

（2）由于 74148 为 8—3 编码器，所以要组成 16—4 的编码器必须用两片 74148 进行扩展。参考电路是十进制键盘扫描译码显示电路，如图 1—11 所示。

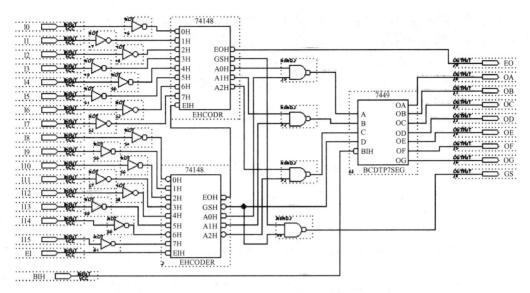

图 1-11　十进制键盘扫描译码显示逻辑电路图

（3）十进制键盘扫描译码显示电路工作原理简述：图 1-11 中由两只 8-3 编码器 74148 级连后与四只与非门共同组成 16-4 的二进制编码器，完成 4×4 键盘的扫描输入。再由一只四线—七段译码/驱动器（共阴）7449 来完成十进制译码显示工作。之所以叫十进制，是因为 7449 只能按照 8421 输入码译出 0~9 的正确段码进行显示，被 8421 码摈弃的 10—15 二进制码就被 7449 译为出错码了。

（4）本设计任务的难点是必须自行设计一个十六进制 BCD 代码转七段显示码的译码模块来代替十进制译码器 7449 模块。设计时可参考 7449 译码驱动模块的相关资料。

（5）按照附录中 CIC310 PLD 开发系统使用说明，依次完成设定器件类型、对应 EPF8282ALC84-4 芯片指定引脚号等工作，然后编译电路，并生成供下载用的编程文件 "＊.hex"。表 1-4 为 16 个按键所对应 EPF8282ALC84-4 芯片在掌宇开发平台上的引脚参考表。

表 1-4　下载板 EPF8282ALC84-4 芯片引脚分配参考表

输　入	EI	BIN	I0	I1	I2	I3	I4	I5	I6	I7	I8	I9
EPF8282ALC84-4 板	P01	P02	P43	P44	P45	P46	P48	P49	P50	P51	P34	P35
输　入	I10	I11	I12	I13	I14	I15						
EPF8282ALC84-4 板	P36	P37	P39	P40	P41	P42						
输　出	GS	EO	AO	BO	CO	DO	EO	FO	GO			
EPF8282ALC84-4 板	P55	P56	P13	P14	P15	P16	P18	P19	P20			

（6）将 CPLD/FPGA 开发平台接入计算机，在计算机上运行 dnld82.exe 下载程序，选定下载用的编程文件，将键盘扫描译码显示电路下载到下载板上。

（7）在 CPLD/FPGA 开发平台上，检查 PK11、PK12、PK13 是否接上短路夹，是否将 SC1 引脚用短路夹接地，让开发平台上的键盘置于独立工作方式，然后按照表 1-5 所示按下相应的按键来仿真测试电路。

四、参考资料

1. 7449 译码驱动模块的逻辑表达式以及对应二进制码所显示的字符，如图 1-11

$$A = \overline{\overline{B} \cdot D + \overline{A} \cdot C + A \cdot \overline{B} \cdot \overline{C} \cdot \overline{D}}$$
$$B = \overline{B \cdot D + A \cdot \overline{B} \cdot C + \overline{A} \cdot B \cdot C}$$
$$C = \overline{\overline{C} \cdot D + \overline{A} \cdot B \cdot \overline{C}}$$
$$D = \overline{A \cdot \overline{B} \cdot \overline{C} + \overline{A} \cdot \overline{B} \cdot C + A \cdot B \cdot C}$$
$$E = \overline{\overline{A} + \overline{B} \cdot C}$$
$$F = \overline{\overline{A} \cdot B + B \cdot \overline{C} + A \cdot \overline{C} \cdot \overline{D}}$$
$$G = \overline{A \cdot B \cdot C + \overline{B} \cdot \overline{C} \cdot \overline{D}}$$

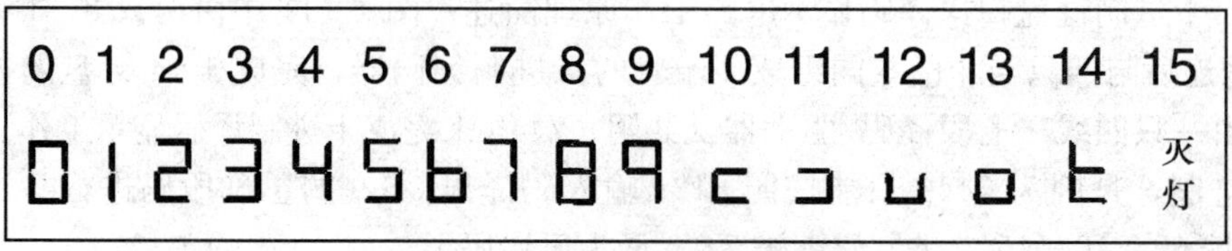

图 1-11　十进制键盘显示示意图

表 1-5　键盘扫描译码显示电路功能测试报告表

输入		输出
使能 EI　BIN	I0～I15	显示字符描述
1　0	✕	
0　0	✕	
1　1	0000000000000000	
0　1	0000000000000001	
0　1	0000000000000010	
0　1	0000000000000100	
0　1	0000000000001000	
0　1	0000000000010000	
0　1	0000000000100000	
0　1	0000000001000000	

输入			输出
使能 EI BIN		I0~I15	显示字符描述
0	1	0000000010000000	
0	1	0000000100000000	
0	1	0000001000000000	
0	1	0000010000000000	
0	1	0000100000000000	
0	1	0001000000000000	
0	1	0010000000000000	
0	1	0100000000000000	
0	1	1000000000000000	

注：当无键按下时，输入为全 L 电平；当 I0~I15 有键按下时，其对应位输出为 H 电平

五、实习报告书

十六进制代码转七段显示码的译码模块设计过程描述（可以加页贴在报告书末或粘贴在此）。

附录二

CXA 1191 AM/FM 超外差收音机元件清单

序号	器件编号	规格	名称及作用
1	R_2	4.7kΩ	电位器串联电阻
2	R_3	2.2kΩ	调幅中频输入电阻
3	R_4	330Ω	调频中频输入电阻
4	R_5	100kΩ	AFC 反馈电阻
5	R_{W1}	WH15－50 kΩ	电子音量控制电位器
6	C_1	30pF	高通滤波器电容
7	C_2	30pF	高通滤波器电容
8	C_3	30pF	高通滤波器电容
9	C_4	103（0.01μF）	高频滤波电容
10	C_{11}	103（0.01μF）	静噪电容
11	C_{12}	103（0.01μF）	抗干扰电容
12	C_{10}	15pF	FM 鉴频电容
13	C_5	20pF	FM 高放补偿电容
14	C_6	25pF（22pF）	FM 本振补偿电容
15	C_7	151（150pF）	AM 本振垫整电容
16	C_8	1pF（或 1.2pF）	AFC 稳频电容
17	C_{13}	101（100pF）	调幅中频耦合电容
18	C_{16}	223（0.022μF）	去加重电容
19	C_{19}	104（0.1μF）	音频噪声滤波
20	C_{21}	473（0.047μF）	电源高频平波电容
21	C_{20}	104（0.1μF）	音频耦合电容
22	C_9	4.7μF	电子音量外接平滑电容
23	C_{14}	4.7μF	AFC 时间常数电容
24	C_{15}	10μF	AGC 时间常数电容
25	C_{17}	10μF	低放旁路电容

序号	器件编号	规格	名称及作用
26	C_{18}	$220\mu F$	电源低频平波电容
27	C_{22}	$220\mu F$	音频输出耦合电容
28	C_{23}	$10\mu F$	1.2V电源平波电容
29	C	AF-126	四联可变电容
30	L_1	三端天线线圈	AM输入回路磁性天线
31	L_2	4圈	FM高放谐振电感
32	L_5	4圈	高通滤波器电感
33	L_3	3圈	FM本振谐振电感
34	L_4	红色中周式样	AM本振谐振电感
35	T_1	黄色中周	AM中频选择回路中周
36	T_2	粉红色中周	FM鉴频选择回路中周
37	CF_1	SFU455B	AM中频回路陶瓷滤波器
38	CF_2	10.7M	FM中频回路陶瓷滤波器
40	IC	CXA 1191M（1019M）	收音机集成块
41	K_1	1×2	波段开关（FM、AM）
42	AV	单声道	立体声耳机座（接耳机）
43		5mm×12mm×58mm	磁棒，AM天线线圈L_1用
44		塑料方形	磁棒支架
45		5mm×40mm	FM外接拉杆天线
46		直径46mm，8Ω，0.25W	喇叭
47		塑料机壳	前盖
48		塑料机壳	后盖
49		大拨盘	调谐钮
50		小拨盘	音量钮
51		正极	电池片2个
52		负极	电池弹簧片2个
53	M2.5×6	螺钉、螺母、焊片一套	用于固定天线FM拉杆
54		2.5×6，一只	自攻螺钉（固定电路板）
55		M2.5×4，3只	固定可变和拨盘的螺钉
56		M1.6×4，一只	螺钉（固定电位器小拨盘）
57		电路板	印制电路板1块

参考文献

1. 康华光. 电子技术基础：模拟部分. 北京：高等教育出版社

2. 康华光. 电子技术基础：数字部分. 北京：高等教育出版社

3. 何小艇. 电子系统设计. 杭州：浙江大学出版社

4. 田良、王尧等. 电工电子实践教程. 北京：人民邮电出版社

5. 雷勇. 电工电子技术实验. 北京：四川大学出版社

6. 高文焕，张尊侨等. 电子技术实验. 北京：清华大学出版社

7. 李宜达. 数字逻辑电路设计与实现. 北京：科学出版社

8. 李国丽，朱维勇等. EDA 与数字系统设计. 北京：机械工业出版社

9. 扬刚. 电子系统设计与实践. 北京：电子工业出版社

10. 扬铮. 电工电子技术实习与课程设计. 北京：中国电力出版社

11. 王港元等. 电子技能基础. 成都：成都科技大学出版社

12. 王世佐，张维祥等. 调频收音机及立体声收音机原理和维修. 北京：人民邮电出版社

13. 唐远炎. OTL OCL 低频放大电路集锦. 北京：人民邮电出版社

14. 张庆双. 音响的升级与制作实例. 北京：人民邮电出版社

15. 清源计算机工作室. Protel 99 SE 原理图与 PCB 设计. 北京：机械工业出版社

16. 赵效敏. 开关电源的设计与应用. 上海：上海科学普及出版社

17. 叶慧贞，扬兴洲. 新颖开关稳压电源. 北京：国防工业出版社

18. 张桂香，王辉. 计算机控制技术. 成都：电子科技大学出版社

19. 范寿康，王宁. 单片微型计算计机的应用开发技术. 北京：人民邮电出版社

20. 黄继昌，徐巧鱼等. 传感器工作原理及应用实例. 北京：人民邮电出版社

21. 高光天，徐振英. 模数转换器应用技术. 北京：科学出版社

22. ［美］R·F·格拉夫. 电子电路百科全书（一、二、三册）. 北京：科学出版社

23. 张友汉. 电子线路设计应用手册. 福州：福建科学技术出版社

24. 袁光明. 新颖电子器件应用手册. 成都：西南交通大学出版社

25. 何希才. 新型集成电路应用实例. 北京：电子工业出版社

26. 陈永甫. 555 集成电路应用 800 例. 北京：电子工业出版社

27. 王新贤. 通用集成电路速查手册. 济南：山东科学技术出版社

28. 崔忠勤. 中外集成电路简明速查手册. 北京：电子工业出版社

29. 赵保经，朱介炎. 简明 CMOS 集成电路手册. 上海：上海科学技术出版社

30. 金正浩，高静等. 怎样检测家用电器电子元器件. 北京：人民邮电出版社

31. 田良. 综合电子设计与实践. 南京：东南大学出版社